西頓
動物記
05
WILD ANIMALS I HAVE KNOWN

銀狐多米諾

THE BIOGRAPHY OF A SLIVER—FOX

厄尼斯特·湯普森·西頓
Ernest Thompson Seton

今泉吉晴 解說

西頓小畫廊

岸邊的風景

仰望松鼠的狐狸

銀狐多米諾

推薦序

動物引領孩子進入充滿想像的自然世界

李偉文

臺灣每年出版的新書就有四萬種左右，若以全世界近二百個國家來說，每年正式出版發行的新書數量至少也有數百萬種，若再加上沒列入統計的網路文章與數位資料，恐怕是個難以想像的天文數字。

因此，能夠歷經時代考驗，一代又一代流傳下來的經典名著，就非常難能可貴，而且經過無數人的研讀與討論，這些書本已經不再只是一些故事而已，也可以反映出時代的氛圍與共同的關注。

西頓的動物故事集就是這麼一套經典著作，西頓是個自然學家，也是作家和畫家，他所寫的動物故事之所以流傳一百多年，能夠被不同國家，不同年代的大人與孩子們喜歡，原因就是因為他說的故事精采感人，而且還奠基在正確的生態知識上，他寫的每個故事，每段文字還像是優美的散文，在如詩如畫的描述中，相信能夠激起孩子的想像力以及探索大自然的好奇心。

哈佛大學教授威爾森曾提出「親動物性假說」，認為人類在基因中就存在喜歡親近接觸具有生命的生物的天性。

的確，通常孩子小時候會對昆蟲，尤其某些甲蟲有興趣，隨著年齡成長而逐漸會對大型的動物產生好奇，而且不管是大人或小孩，走入大自然，總是會有愉悅及平靜的感受，大自然是每個人的心靈原鄉。

而且人的認知與發展，通常是從具象開始，然後慢慢進展到抽象概念，即使想像力和創造力的培養，也必須從具體的經驗中去整合與延伸。因此從剛出生的小嬰兒開始至長大成人，在真實世界中探索，是我們正常的學習歷程。

可是隨著世界愈來愈複雜，我們無法只從自己本身的生活經驗去學會一切該知道的事情，這時候「故事」就承擔了我們認識環境的重要角色，透過故事理解這浩瀚神祕的世界。

人人喜歡聽故事，看故事，而且往往看到精采的故事時會「啊！」一聲的感嘆，這個驚嘆，就是我們重新認識世界的時候，也就是對舊的經驗重新詮釋，對熟悉或不熟悉的事件有了不一樣的體會。

西頓動物記以生動且擬人化的方式來說故事，很能夠打動孩子的心靈。我們常常說大自然是一本值得閱讀的大書，但是真正懂得閱讀的人，應該能夠將大自然的奧秘，轉化為對我們的生活，不管在精神或心靈上，都有所啟發與改變的機會，我相信對孩子來說，這一套動物故事，能達到這樣的效果。因為生物成長中有所謂「銘印現象」，比如某些種類的雁鴨在破殼出生的那一剎那，出現在牠面前的生物就會被視為牠的母親。

我們相信人類也有銘印現象，也就是我們常說的成長與學習的關鍵期。我們應該要在孩子對自然生命感受力最強的關鍵期，讓這些動物故事內化為孩子面對以後各種難關的力量。

不過我希望當孩子看見這些故事之後，能夠有機會在大人陪伴下，在真實的世界中看到這些生命，觀察牠們與環境之間的關係，牠們彼此的互動，體會到我們與這些動物共享著這個神奇豐富的世界。

本文作者為作家、荒野保護協會榮譽理事長

目錄

第一部 孩提時代

第二部

永結同心

第三部

克服痛苦的日子

和飛鼠老師一起讀《銀狐多米諾》

◎在接下來文章中出現的粗體字，讀到「和飛鼠老師一起讀《銀狐多米諾》」時會有更詳細的解說喔！

謹以此書獻給

這個故事的第一個聽眾—安・西頓。

第一部

孩提時代

最初的棲地

太陽向戈爾達山沉落，染紅西方的天空，夕陽餘暉照亮山麓的丘陵與山谷的森林。夕陽餘暉不著痕跡地灑落在萬物上。森林裡高貴的動物們，最喜歡這種帶有紅色的光芒了，因為夕陽的餘溫安撫了牠們的心。

在流自戈爾達山的休邦河岸斜坡上，有一座小小的松樹林。每到**鳥鳴月**（五月），當季花朵爭奇鬥豔，在夕陽餘暉下生意盎然地散發香氣。

但是這座小松樹林，之所以看起來比其他戈爾達山麓的谷地或丘陵更有活力，是因為這裡是狐狸一家的棲地。

狐狸棲息的巢穴，就位在突出於小松樹林邊緣的大石頭之間。巢穴的入口在雜草的覆蓋下，顯得十分隱密，只見狐狸一家跑出了巢穴外，小狐狸們趁著一天當中最棒的時刻嬉鬧遊戲。

當然，一家人的重心就是狐狸媽媽。雖然狐狸媽媽幾乎一動也不動，靜靜守護著孩子，可是一看就知道，牠是一隻健康活潑又聰明的狐狸。

全身毛茸茸、圓滾滾的小狐狸們無憂無慮地

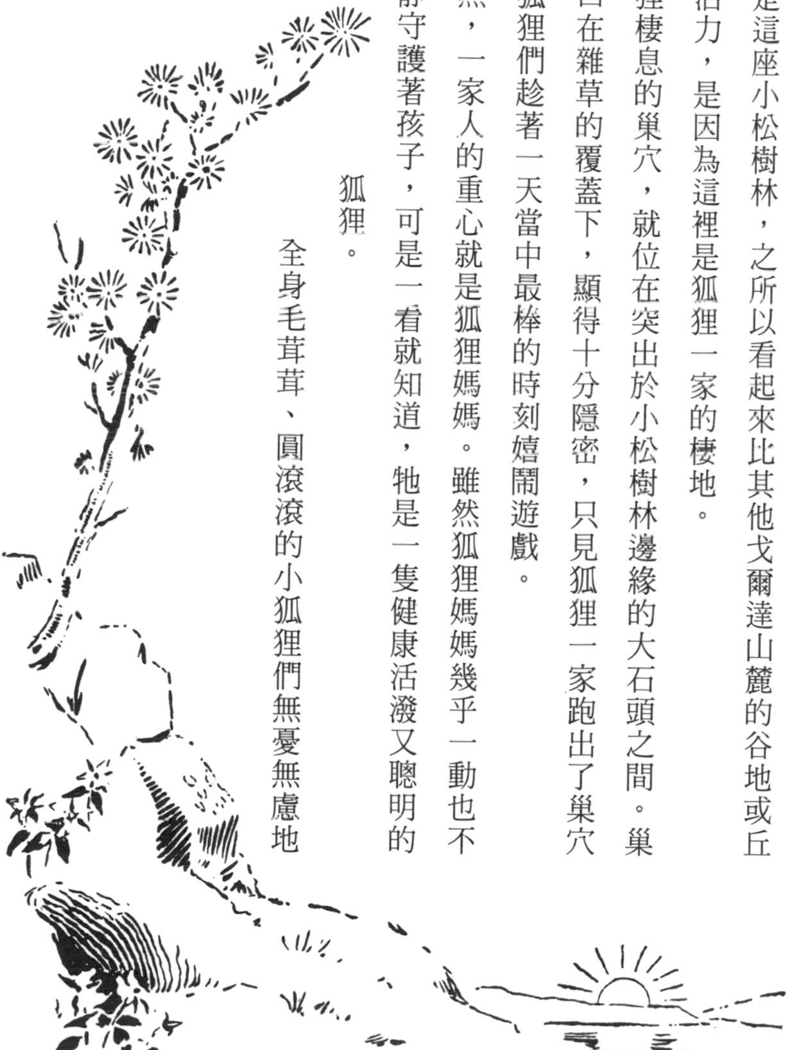

追逐遊戲著。牠們還不知道這個世界上有比媽媽更強壯的生物，並且以為媽媽所有的力量都是為牠們而存在。

狐狸媽媽的愛填滿了小狐狸的世界。

小狐狸們玩鬧、打架、追逐飛蟲、小心翼翼地觀察熊蜂；拚命追著狐狸媽媽的尾巴跑、故意去勾兄弟姊妹的腳，然後互相爭奪好久之前吃掉的鴨子留下的羽毛，牠們活著的目的就是為了玩樂。牠們盡情享受著無憂無慮的自由。

說到小狐狸們最喜歡的寶貝，就是鴨羽毛了。鴨羽毛之於小狐狸，就好像玩具球之於人類的小孩一樣，牠們總是爭相追逐、搶來奪去的。

就這樣，鴨羽毛在牠們之間來來回回多達十二次以上，而且最後一定會傳到動作最靈活、最有活力，臉上有一條黑紋橫切過眼睛的小狐狸手中。那隻小狐狸一旦用嘴巴搶到其他小狐狸銜著的鴨羽毛，就算其他小狐狸想要搶回去，牠也絕對不鬆口。並且牠會繞著圈子逃跑，一直跑、一直跑，直到其他小狐狸實在追不上，只好放棄。

每當其他小狐狸不想玩了，那隻小狐狸就會立刻想到下一個遊戲，但那也是其他小狐狸想玩也玩不了的遊戲。那隻小狐狸能夠用嘴巴咬住狐狸媽媽的尾巴。其他小狐狸雖然能夠追在狐狸媽媽的尾巴後面玩，卻沒辦法直接咬住媽媽的尾巴。

牠會拉扯狐狸媽媽的尾巴作樂，直到狐狸媽媽突然跳一下，將尾巴從牠口中抽出來才肯鬆口。

在小狐狸們玩得不可開交之際，一隻成年

Ernest Thompson Seton

的狐狸悄聲無息地跑向牠們。狐狸媽媽察覺後，立刻擺出警戒的姿勢，其他小狐狸看到媽媽的動作，也同時繃緊了神經。

但是狐狸媽媽很快就知道，靠近牠們的是每天相處的公狐狸，不禁鬆了一口氣。原來狐狸爸爸帶著牠捕獲的獵物回來了。一時之間，大家的眼睛與鼻子都轉向了狐狸爸爸。

狐狸爸爸放下銜在口中的獵物——一隻剛剛才被牠殺死的**鼩鼠**。狐狸媽媽跑上前去，用嘴叼起鼩鼠。

按照我們這個社會的傳說，狐狸爸爸在小狐狸離開巢穴時，會停在離巢穴一小段距離的地方，不會把食物帶到小狐狸面前。

原來如此，的確是這樣沒錯。

而將獵物從較遠處帶到小狐狸面前的，是狐狸媽媽。看來傳說有時候也是真的。

狐狸媽媽把鼩鼠叼到小狐狸附近，才剛放下，一群小狐狸就一窩蜂地撲向鼩鼠，簡直就像迷你的狼群撲向小鹿一樣。牠們撕咬、奔跑、嚎叫，瞪視著身旁虎視眈眈的手足，四處跳來竄去，然後用力甩著頭，想從口中的鼩鼠身上咬下一塊肉。

狐狸媽媽滿懷愛意地注視著小狐狸的一舉一動，好像用眼神在稱讚牠們一樣，但狐狸媽媽不僅疼愛地看著小狐狸，牠還有一半的注意力放在附近的松樹林上。

因為敵人有可能穿過樹林悄悄靠近小狐狸。帶著來福槍的男人、喜歡惡作劇的男孩、狗、鵰或貓頭鷹等，還有許許多多盯上小狐狸的敵人，隨時都有可能發動攻擊。狐狸媽媽得無時無刻提高警覺。

對了，狐狸爸爸也會幫忙巡邏警衛，但在照顧小狐狸這方面，牠不太行。而且小狐狸眼睛尚未睜開還在喝母乳的時候，狐狸媽媽也不會讓狐狸爸爸進到巢穴裡來。即使如此，狐狸爸爸仍舊盡心盡力地帶獵物回來，並且保護牠們遠離危險。

就在小狐狸大快朵頤之時，松樹林裡突然傳來狐狸爸爸「呀—呀—呀—呀！」的嚎叫聲。

那嚎叫聲是在警告牠們樹林裡有危險，只是不曉得是什麼樣的危險。

等小狐狸再長大一點，就能知道狐狸爸爸嚎叫的意思了。牠們現在還太小，因此狐狸媽媽又叫了幾聲，通知小狐狸有危險，好讓牠們明白狐狸爸爸嚎叫的意思，把小狐狸趕回巢穴裡。小狐狸在幾乎一片黑暗的巢穴中，安靜地小口小口吃著麝鼠肉。

僅僅在**新英格蘭**的鄉村地區，至少就住著一千對以上的狐狸夫婦。每對夫婦每一年都會生養小狐狸。

剛才那一幕狐狸家庭的天倫之樂，通常可見於風和日麗的春末夏初時節。每個巢穴至少一天會上演一次。這樣算下來，狐狸家族的美妙情景，每年都會在我們眼皮底下上演十萬遍呢。

如果有人親眼目睹狐狸家族充滿愛的情景，應該會覺得很溫馨感人吧。倘若看見狐狸之間相愛的方式，還有獲取食物、躲避敵人的辛苦，更會明白牠們與人類是多麼相似的生物啊

只不過，狐狸媽媽與狐狸爸爸不僅十分謹慎，頭腦更是聰明，懂得如何神不知鬼不覺地保護小狐狸。因此，有幸目睹狐狸家族情景之人寥寥可數，每年大概十萬人之中只有一位幸運兒吧。

在戈爾達郡，那十萬人中唯一的幸運兒，就是名叫亞伯納·朱克斯的長腿**洋基男孩**。

亞伯納在準備前往牧場把牛趕回來的路上，發現松樹上有個烏鴉的巢。在好奇心驅使下，他爬上松樹，結果恰好看見了狐狸。目睹狐狸家族充滿愛的互動後，亞伯納內心產生了一股暖意，那感覺超越了一般男孩看到狐狸就想抓的先天本能。那是一種讓人心跳加速的喜悅。亞伯納預感自己總有一天會成為一個博物學者（熱愛自然的人）。

在狐狸家族之中，亞伯納特別受到一隻體毛黝黑、眼睛有一橫黑紋的小狐狸吸引，看起來就像戴了面具一般，因此他幫小狐狸取名為多米諾（遮住半張臉的面具）。見到多米諾與手足玩樂時那靈活不已的動作，亞伯納不禁高興得露出微笑。他從沒想過要傷害狐狸家族中的任何成員。

亞伯納甚至覺得，他不想要打擾玩得正開心的小狐狸們。然

而，人類總是很容易成為動物的瘟神。即便本人毫無此意，但僅僅只是在一旁觀看，不僅打斷了小狐狸的歡樂時光，甚至對整個狐狸家族帶來悲慘的命運。

亞伯納就像大部分農民的小孩一樣，每到冬天就有出門獵捕狐狸的習慣。他養了一隻引以為傲的獵犬，嚷嚷著總有一天將牠培育成全國最厲害的獵狐天才。儘管他的獵犬還是隻小狗，但早已具備幾項優秀獵犬必備的特長。

長腿、結實的腹部、強健的肺、宏亮的叫聲和壯碩的體型，都是作為優秀獵犬的必備條件。說起來，在那宏亮的叫聲中帶有一種奇怪的低鳴，聽起來有點毛骨悚然。現在雖然狀態很好，但長大後會變得如何，令人十分擔心。

亞伯納出門找牛之前，已經先把小狗牢牢關在家裡，以免牠跟著跑出來。但小狗很聰明，牠還是從家裡溜了出來，循著主人亞伯納的足跡來到松樹林裡。

也因此，多米諾的狐狸爸爸才會發出「呀——呀——呀——呀！」的叫聲，通知家人有危險。

狐狸媽媽聽到狐狸爸爸的嚎叫聲後，親自盯著七隻寶貝小狐狸躲回安全的巢穴深處，然後立刻奔出巢穴迎擊敵人。為了不讓敵人靠近巢穴，狐狸媽媽故意在地上留下明顯的足跡，好讓敵人第一眼就看見

自己新踩出來的足跡，並且追著那些足跡跑。

片刻之後，還在努力留下足跡的狐狸媽媽，聽見獵犬震天價響的咆哮聲。那咆哮聲來自發現新足跡後循線追擊的小獵犬，但叫聲中夾雜著恐怖低鳴，令身經百戰的狐狸媽媽一顆強壯的心臟，不免撲通撲通地加速跳動。

但是心跳加速並不是擔心自身的安危。

為了把獵犬引離巢穴，狐狸媽媽繼續奔跑。跑到距離巢穴約一哩（一點六公里）遠的地方，確保安全後，隨即往回走了幾步（倒著走），然後又回到原處，接著朝旁邊用力一蹬，中斷足跡，返回巢穴。

巢穴一切正常，安然無恙。唯獨平常會在巢穴入口迎接狐狸媽媽的多米諾，今天卻不見身影。狐狸媽媽鑽進巢穴後，發現多米諾躲在

The Villain

其他小狐狸後面，鼻子埋在地上的沙粒底下，整個身子縮成一團。

原來在狐狸媽媽聽到獵犬振耳欲聾的咆哮聲時，多米諾正好鑽出巢外，聽見了相同的聲音。牠受到了一種奇異且椎心似的衝擊。強烈的聲音振動讓牠感到不寒而慄，從背部一路竄向尾巴，嚇得牠寒毛直豎。在恐懼感的侵襲下，多米諾拔腿狂奔，躲回巢穴最深處，縮著頭窩在地上顫抖了好久好久。

根據科學家的說法，所有物體都會對應到一種特定波長的音波，當音波持續一段時間後，物體就會遭到破壞。

例如杯子這類的玻璃容器，對應到特定波長的音波就會碎裂。照這樣說來，教會的風琴手應該知道有某一個音，能將大教堂的巨大玻璃窗震得碎裂滿地。

再來，如果是老練的海軍喇叭手出馬，甚至只要使勁一吹就可能震碎漂向軍艦的巨大冰山吧。

同樣的道理，一個生命就算擁有強韌的神經，還是有可能聽到某種音波會不由得感到害怕。

因此，倘若多米諾能夠思考事物的意義，牠必定會發現，那天聽到的恐怖咆哮聲，就是一種會破壞自己神經的音波。那咆哮聲困縛了多米諾的四足和心臟，奪走了牠的強韌。

在聽到那個咆哮聲之前，多米諾的世界是充滿了母愛的世界。然而，自從聽到那個咆哮聲之後，恐懼便進駐了多米諾的世界。

飛來橫禍

從很久以前，獵人之間就流傳著一種說法，認為狐狸不會侵略自己巢穴附近的農場，因為狐狸害怕遭到附近居民的報復，所以會選擇去侵略距離較遠的農場。亞伯納・朱克斯爸爸的農場，從來沒遭到狐狸危害過，可是班頓的農場卻三不五時遭狐狸肆虐，或許就是因為狐狸這種習性的關係吧。

對於自己引以為傲的雞隻憑空消失了四分之一後，班頓的爸爸實在忍無可忍了，他下定了決心：

「如果我兒子無心保護雞隻的話，就由我帶著來福槍去趕跑狐狸吧。」

下個星期天，班頓家的兒子賽伊與巴德在山丘上散步時，聽見亞伯納的小獵犬發現狐狸足跡後發出的勇敢咆哮聲。兩個跟狗語言不通的年輕人，自然不會去向狗打招呼。相反的，他們悄悄地張望著底下的山谷，查探亞伯納那隻正在追蹤狐狸腳印的獵犬。

最後他們看見，被追蹤的狐狸，巧妙地矇騙過小獵犬，輕輕鬆鬆就甩掉了牠。兩人這下子高興極了，因為這麼有趣的事情，正好可以拿到郵局去當茶餘飯後的話題，逗附近的鄰居一笑。

然而過了一會兒，狐狸再度現身，口中叼著一隻純白色的雞，從山谷底下穿了過去。仔細一看，那還是班頓爸爸飼養的，也是他最引以為傲的道金斯品種的雞。這種雞在他心中的重要性，幾乎堪稱是他人生的支柱了。狐狸肆掠班頓農場是無庸置疑的事實，而狐狸正把雞帶回巢穴的路上，同樣也是無庸置疑的事實。

所幸被虜走的雞是純白色的，因此兩人清楚可看狐狸在樹叢穿梭的軌跡，甚至也看見了狐狸的巢穴在哪裡。

三十分鐘後，兩人站在狐狸巢穴旁，地上散落著白色純種雞的羽毛。他們拿著一根長長的樹枝，伸進巢穴裡戳來戳去，但由於巢穴中間有一個彎，因此樹枝戳不到躲在巢穴深處的小狐狸。儘管如此，小狐狸依舊嚇得要命，全身不停顫抖。

狐狸媽媽與狐狸爸爸在離巢穴一段距離的地方著急得竄來竄

去，思考著有沒有什麼方法能救出小狐狸，但是牠們想不出任何妙計，只能擔心地在遠處觀看。

一直相信狐狸媽媽無所不能的小狐狸，現在終於知道那只是牠們一廂情願的想法。連萬能的狐狸媽媽都懼怕的巨大生物，如今正逼近牠們的眼前。

發現狐狸巢穴的地方屬於朱克斯農場的一部分，然而班頓家的兒子賽伊與巴德毫不在意這件事，他們決定隔天就來挖開巢穴以捕捉狐狸，不過狐狸媽媽早就順從著本能先展開行動了。

牠的本能告訴牠，就算那兩個人離開了，巢穴也不再安全了。狐狸媽媽找到新的地點，挖掘巢穴，並趁著破曉時迅速把小狐狸移往新家。

鄉下長大的人都知道如何用自然的方法，從剛出生的小貓當中選出最好的一隻。首先，把同一隻貓媽媽生的兄弟姊妹全都放到草原上。這時，貓媽媽會趕忙去尋找小貓，找到立刻把牠們帶回倉庫中的貓窩裡。鄉下人相信，貓媽媽在這個時候帶回來的第一隻小貓，長大以後就會是最健康的小貓。

這個方法之所以可靠，有一個最基本的理由。

當貓媽媽找到小貓時，那群一起被丟在草原上的小貓當中，最有活力的那隻應該會走在最前面，當然應該也是最顯眼的。因此，牠就會成為貓媽媽第一隻叼回來的小貓。

狐狸媽媽從巢穴當中叼出小狐狸時，也是同樣的道理。狐狸媽媽叼出來的第一隻小狐狸，就是牠在巢穴當

中最先看見的，也就是最有活力的多米諾了。第一趟，牠將多米諾帶到新巢穴的深處。第二趟，狐狸媽媽回到原來的巢穴，叼起一隻活潑的母狐狸，也就是多米諾的妹妹，把牠帶往新巢穴。然後第三趟，狐狸媽媽鑽進巢穴，叼起了一隻身體強健的公狐狸，也就是多米諾的弟弟，把牠帶去新巢穴。

過程中，狐狸爸爸一直在附近的小丘上四處巡邏，保護家人的安全。當朝陽灑落在小丘上，狐狸爸爸發出了警戒的嚎叫聲，通知家人危險正在靠近。當時狐狸媽媽正叼著第三隻小狐狸前往新的巢穴。

班頓家的兩個兒子帶來了鐵鍬與鋤頭。當然，他們的目的是為了挖開巢穴，活捉小狐狸。正常情況下，大概一小時就可以結束作業了，但在距離巢穴入口三呎（九十公分）深的地方有一顆大石頭，他們使盡全力仍無法挖開。

兩人聽見遠方山丘上的採石場傳來爆炸聲，便想到了一個恐怖的計策。他們其中一人跑去拿來了炸藥。兩人將炸藥塞進岩石的隙縫裡，插上雷管，拉開導火線，然後點火。

不消片刻，現場響起「轟！」的巨大爆炸聲，震得山丘斜坡上揚起一片沙塵。但如此粗糙的手法並無法炸開小小的狐狸巢穴。反倒是被炸得粉碎的岩屑覆蓋了巢穴，到頭來根本找不到巢穴的位置了。未救出的小狐狸恐怕已遭爆炸波殃及，或是遭到崩塌的土堆掩埋了。原本幸福溫暖的家，瞬間化為墳墓。

如果班頓家的兩個兒子在當天晚上再度造訪那座巢穴的話，就會親眼看見狐狸媽媽與狐狸爸爸一起用前腳刨土，試圖挖開巢穴的模樣。碰到大石頭就一顆一顆用嘴巴叼到旁邊

去。對於渺小的狐狸而言，這樣的工程實在難如登天。

然而，到了隔天晚上，兩隻狐狸依舊來到這裡，繼續埋首於徒勞無益的作業中。

然後第三天晚上，只有狐狸媽媽出現。最後，牠終於在那天晚上放棄了這份沒有希望的工作。

新的棲地

狐狸家族的新棲地位在休邦河灘前的山丘下，大約距離前一個山丘斜坡巢穴一哩（一點六公里）下游處，巢穴前方是一整片綠油油的草原，一直延伸到河灘處。

巢穴的入口位在兩顆堅不可摧的岩石之間，上頭還纏繞著山楊與樺木的樹根。狐狸媽媽與狐狸爸爸在岩石間的深處挖了一個巢穴。兩顆岩石彷彿巢穴的門神一樣。狐狸們依然相信巨大的岩石能夠保護牠們的安全。

上一個巢穴位在松樹林的邊緣，新巢穴則位於山楊樹林的邊緣。每當風一吹來，林間松樹就會發出如深沉嘆息般呼呼颯颯的響聲。山楊樹則成群隨風擺動枝枒與葉片，婆娑起舞，發出啪啦啪啦、颯啦颯啦的輕快樹葉聲。河川像是不停地歌唱，歡快地發出潺潺淙淙的水流聲。

對於狐狸家族來說，松樹林發出的深沉嘆息聲是一段不祥的回憶，那令牠們憶起傷心的往事。山楊樹林的輕快樹葉聲與奔流不息的河水，則撫慰了狐狸家族悲傷的心情。

巢穴前方是一片遼闊平坦的草原，草原的另一頭是通往河灘的邊坡，上頭布滿玫瑰與蕨類植物。走下邊坡後是一片苔草濕地，包圍著川水溢流的河灣。

河灣只是流經河道的湍急川水短暫沉積落腳之處，而整片遼闊明亮的綠色草原全是小狐狸的遊樂場。小狐狸活蹦亂跳的動作與小巧的腳掌，在草原上的各個角印下痕跡。

而且就像在舊巢穴上演過的親子溫馨情景，此處也不只一次上演著狐狸爸爸帶獵物回來給玩樂中的小狐狸的畫面。夏天到來之前，約出現了五十次之多。

當然在這段期間，小狐狸也一天一天地長大。其中成長最快的就屬多米諾了，牠不僅體型變得更大，連體毛的顏色與眼睛部位的黑色條紋也愈來愈深了。

　此刻狐狸媽媽與狐狸爸爸打算教小狐狸如何獵捕食物。因為小狐狸正值離乳期，牠們的食物逐漸從母乳轉成和成年狐狸一樣的肉類或水果。換句話說，小狐狸終於跨入自食其力的階段了。

　起初，狐狸媽媽與狐狸爸爸會將剛殺死的獵物，放在距離巢穴五十呎（十五公尺）外的地方，而非巢穴的入口。接著再改為一百呎（三十公尺），之後逐漸拉遠距離。

　等到小狐狸再長大一點，狐狸媽媽會發出像「喊哩喊哩喊哩」這種甜美溫柔的叫聲，要牠們去找出被藏起來的獵物。意思就是：「現在開始，自己去尋找獵物吧，不然只能餓肚子嘍。」

　有時小狐狸們腳步飛快地穿梭在黑莓叢之間找獵物；有時繞過苔草濕地，在玫瑰土堤上東嗅西聞，逐一檢查小小的野鼠洞……真是一場卯足全力的遊戲。

即使只是吹來一點微風，風中夾帶著獵物的氣味，小狐狸就會瞬間發現「在這裡！」同時快步奔向氣味的來源。而且牠們相當清楚，最後只要跟著狐狸媽媽或狐狸爸爸的足跡走，必定能夠找到藏起來的獵物！

這就是小狐狸求生遊戲的序幕。接著牠們透過同樣的方式學習了真正的狩獵。狐狸媽媽與狐狸爸爸為牠們準備了充分的食物與機會。每一隻小狐狸看似都被賦予同等的機會，但實際上根本沒有機會

均等這件事。

因為凡事「欲培養豐富才能者，應從環境中大量發掘」。因此，發掘更多機會的多米諾，自然培養出更豐富的能力，當然也就變得更聰明、強壯，習得過人的技巧了。多米諾總是最快、也最常找到被父母藏起來的食物，當然也就得到最多的營養與智慧。

多米諾總是會得到一小塊最好的食物。

而且牠發育得比其他小狐狸更好，和牠們之間的體型大小和強弱差異與日俱增。

此外，毛色也變得愈來愈與眾不同。雖然原本的毛色是暗色系的，但如今又變得更深了，幾乎是深灰色接近黑色的程度。相較下，其他小狐狸都轉為紅色、黃色，成為正宗赤狐的毛色。另一方面，毛色愈來愈黑的多米諾，臉和腳已經完全變成黑色的了。

七月已近尾聲，狐狸媽媽與狐狸爸爸從農場帶回多餘的食物，為小狐狸準備了充足的狩獵來源。此外，牠們也用盡所有方法讓小狐狸遠離周遭的危險。

那隻個性陰沉的獵犬已經成長茁壯，並且不只一次神出鬼沒地溜進山谷，發出駭人的咆哮聲。多米諾每次聽見那咆哮聲都嚇得毛骨悚然。

每一次，狐狸媽媽或狐狸爸爸都故意跑給獵犬追，設計一些簡單的圈套將牠趕回家去。尤其一旦進入河畔的石灘，甩掉獵犬更是易如反掌。可能也因此變得過度自信，進而掉以輕心，無意間養成了不把

獵犬放在眼裡的心態。

一天，多米諾和牠苗條的妹妹以及幼小的弟弟，幾隻小狐狸正在森林中的草地上玩耍，並尋找狐狸爸爸藏起來的食物。這時，身上有斑點的獵犬突然從樹叢中竄出來，攻擊了小狐狸們。

或許是獵犬懾人心魄的凶猛吠叫聲，小狐狸嚇得瞬間動也不敢動。

接著三隻小狐狸動作一致地拔腿就跑，可是狐狸弟弟稍微慢了一拍。只見巨大的下顎一口咬上，咬碎了牠細小的肋骨。雜種獵犬始終不鬆口，死咬著獵物不放，就這樣掉頭回去。回到農場後，牠跑進室內，將獵物放在主人腳邊。獵犬以為會得到主人的讚美，抬起頭仰望著他，但主人卻什麼也沒說。

然而，禍不單行，第二天狐狸爸爸銜著剛殺死的鴨子準備返回巢穴，此時聽見前方傳來狗群瘋狂的吠叫聲，牠決定改道而行。但走到一條兩側豎著高大圍籬的小徑上，牠必須丟下鴨子才有辦法越過圍籬。於是，牠不得不順著小徑繼續前進，而眼見後方的狗群愈來愈靠近了。狐狸爸爸沿著小徑狂奔，沒想到那條小徑竟然通往農場的庭院，庭院裡還有其他隻狗埋伏等待著。狐狸爸爸已經逃不出敵人的手掌心了。

但狐狸家族並不知情，牠們只知道狐狸爸爸沒有回家。即使如此，家人依然感到傷心難過，那種難過是真真切切的，但可以確定的是，沒有親眼目睹心愛家人的悲劇，至少不會讓牠們那麼心痛吧。

就這樣，山楊樹林巢穴裡的狐狸家族，就剩下狐狸媽媽與兩隻小狐狸了。

狐狸媽媽毫不畏懼地承擔起所有育兒的重責大任，但事實上，牠

身為母親的使命已經接近尾聲了。

時序進入八月，小狐狸跟隨狐狸媽媽踏上漫長的狩獵之旅，並且學會獨自捕捉獵物的方法。

到了九月，苗條的妹妹幾乎變得和狐狸媽媽一樣大。至於多米諾則長得更大、更強壯，全身幾乎被黑色的毛給覆蓋住。一種奇怪的感覺在牠們兄妹還有母子之間滋長。妹妹和媽媽在雄壯威武的小公狐面前變得畏縮，最後逐漸避而遠之。媽媽與女兒一起生活，但那也只維持一段時間而已。在某種奇妙的本能驅使下，家族之間的牽絆連結逐漸瓦解。

身手矯捷的黑毛多米諾，如今已具備獨自生存的能力。牠離開了山楊樹林邊那座隨時都能聽見水流歌聲、充滿溫暖回憶的巢穴，準備好進入獨來獨往的單身生活。

新生活與新衣裳

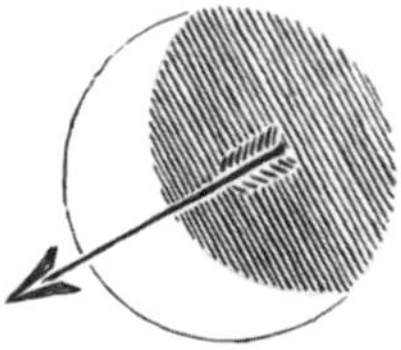

在靜靜流淌的休邦河岸山楊樹林對面，就是收容多米諾的巨大蠻荒世界。如今，多米諾正面臨生存的考驗，牠得靠著自己的力量獲取食物與安全。

多米諾為了獲取食物與安全，不計一切地勞動。透過勞動，牠不僅獲得了豐富的經驗，奔跑的速度與日俱增，而且滋長了智慧，也變得更加俊美。

離開從小生長的巢穴後沒多久，多米諾就遭到兩隻獵犬猛烈追擊，嚴厲考驗著牠的速度與敏捷度。牠從中明白了一件事，就是智慧比速度更有用。牠理解到智慧是將自己從危險之中拯救出來的重要伙伴。多米諾一直以來都跟智慧是好朋友，卻直到現在才曉得它的重要性。

當多米諾遭到那兩隻獵犬追擊時，牠繞著岩山逃跑，但無論牠怎麼跑，兩隻獵犬卻始終緊追在後。最後，多米諾不慎被岩石劃傷腳，沿途鮮血直流。

那天烈日當空，赫赫炎炎。多米諾拚命加快速度，拉開與兩隻獵犬的距離，疾速奔向休邦河。只要浸到水裡，就能舒緩那隻疲勞發熱又流血的腳，讓牠稍事休息。跑進淺水中的多米諾在河裡緩緩步行，一路朝著上游前進。冰涼的水浸得牠的腳好舒服，身體的熱度也

終於慢慢降低了。

在河裡走了四分之一哩（四〇〇公尺）後，多米諾聽見兩隻獵犬的咆哮聲，回頭一看，光憑兩隻獵犬的動作就能清楚得知，牠們正嗅聞足跡的氣味追蹤自己。多米諾迅速躲進沙洲上的草叢間。

牠在草叢中看見兩隻獵犬循著自己的足跡來到河畔，之後就再也找不著足跡，牠們慌忙地嗅聞多米諾的氣味，困惑著究竟該往上游走還是往下游走。

顯然兩隻獵犬因為尋找不到足跡的氣味，正焦急得如熱鍋上的螞蟻。最後，終於無所適從地掉頭離去了。

狐狸恐怕不曉得獵犬之所以找不著，是因為水會消去足跡的氣味這樣的因果關係吧。不過即使不理解，還是知道在被敵人追擊時的緊要關頭，河水會救自己一命這種明確的關係。為何如此篤定呢？因為狐狸確實在各種情況下都會利用河川。

同樣地，狐狸也經常利用沙子。沿著休邦河往下走，會遇到一座沙洲。只要在沙洲上奔跑，腳邊的沙子崩解、流走，因此不會留下腳印。追蹤足跡而來的敵人也只能束手投降。如同河川的利用方式一般，多米諾也逐漸領會到這件事。

冬天到了，河面上結了一層薄冰。多米諾知道自己可以在上面奔跑，但獵犬不能。只要獵犬一跳上來，冰層就會裂開，然後掉入河裡。

不過，多米諾所知道最強而有力的朋友，就屬斷崖了。在休邦河從丘陵地流向平原的交界處，有一座急流沖蝕出來的斷崖，斷崖上有一道一道的石臺，上面則是獸徑。

最下面的石臺寬度很寬，可以輕鬆行走。而愈往上走，石臺寬度愈窄，愈上面的獸徑寬度也逐漸縮小。最後，獸徑的寬度縮小到連多米諾都只能勉強通過的程度。換句話說，這對獵犬來說太過狹窄了。追逐多米諾至此處的獵犬就會摔下斷崖。

狹窄的獸徑繞著矮小的山峰一路延伸到山稜上。一來到山稜，就能進入一座廣袤的森林。要前往那座森林還有其他路可走，但需要多繞兩哩（三點二公里）遠的路。

除此之外，多米諾發現，如果狩獵不順利，只要沿著河川跑就一定能發現獵物。獵物有可能是莫名虛弱地浮在水面的大魚，有可能是死掉的小鳥，也有可能只是一隻青蛙。不過，這樣至少能夠確保一餐的食物。因此，多米諾覺得河川對狐狸來說是一個好地方，可以救助牠脫離任何苦難。河川是多米諾的好朋友。

這種對大自然的理解，可以說是一種為了求生的內在成長吧。多

米諾為求生存，必須借助所有的外力。因為多米諾的外在成長，讓牠擁有一身高貴美麗的毛皮，強烈吸引著獵人貪婪的視線。銀色毛皮的珍貴價值，讓多米諾的性命安全比一般狐狸危險數十倍之多。

在氣溫驟降的秋夜，多米諾的毛變得又密又長，而且在某種神奇力量的作用下，牠的毛逐漸泛出美麗的光澤，顏色一天比一天黝黑，最後只剩下極少的紅色或灰色。如果有人親眼目睹這樣的變化，恐怕會說：

「這是個預兆吧？牠將會換上一身前所未見的美麗毛皮。這隻狐狸命中注定成為一隻銀狐（Silver Fox）！」

銀狐這個名字所蘊含的力量，唯有住在北方森林裡的智者才知道。

所謂的銀狐，指的並不是特殊品種的狐狸，牠只是一般赤狐的變異體之一。一對普通的赤狐父母生下銀狐並不是什麼稀奇的事。

然而，自然似乎賦予了這種變異體所有的價值與優點。牠們與眾不同的不僅是毛皮，奔跑速度飛快，肺活量也非比尋常，而且頭腦還很聰明，彷彿在告訴世人，大自然賦予牠這一切的才能，來保護自身美麗的毛皮。

事實上，銀狐那美麗豐厚的毛皮運用在人類的衣服上，兼具優良的品質與不凡的風格，是最高貴的毛皮。充滿光澤的黑毛與交織在其中的白毛，是所有動物毛皮當中最受人喜愛的一種。正如同古羅

馬的「古代紫」一樣，銀狐毛皮是當今最適合王公貴族的衣裝，因此理所當然的，交易價格也比黃金多出數倍。

獵人們也以讚嘆的眼光關注著銀狐，並賭上名譽，為了抓到銀狐而無所不用其極。銀狐也因此必須徹底運用頭腦、肺和腳來保護自己。對於獵人來說，想要抓到擁有寶石級毛皮的銀狐，僅僅具備優異的狩獵技巧是全然不夠的。大家都說，只有真正幸運的人才能夠捕捉到銀狐。

當然，即使同為高貴的銀狐，其中也區分不同的等級。就好像鑽石也有不同等級的道理是一樣的。從「十字型」到最高級的「銀型」，獵人之間有一套用來表達各種等級的術語。

銀狐的特徵在夏天幾乎是看不出來的。此外，小時候小狐狸有特有的毛色，大多時候看起來與一般的赤狐無異。銀狐的毛要在接近冬

天以後才會逐漸顯現出它的美麗。

當戈爾達鎮上降下寒冷的霜，秋天也邁入尾聲之際，多米諾深色的毛愈來愈黑，愈來愈長，並且逐漸遍布全身。大大的尾巴變得蓬鬆，尾端呈現出明顯的白色，橫切過眼睛的黑紋則變得更黑，襯托出周圍的銀毛，看上去就像真的戴了面具一樣。

在頭和頸部充滿光澤的黑毛之間，參雜著一些尖端呈白色的毛，簡直就像夜空中閃耀的銀河，散發出銀色的光芒。如果有人曾經在七月時看過全身黑黑灰灰的小多米諾，恐怕不會把十一月當下已成長為高貴銀狐的多米諾，視為同一隻狐狸吧。如今的多米諾，全身披上一層冬毛，已然是一隻風采堂堂的銀狐。

美麗的銀狐與獵犬

戈爾達山有一隻美麗銀狐的消息，很快就在人群之間傳開了。不只一人出面表示自己親眼見過多米諾充滿光澤的黑毛，而且大家都在談論朱克斯家那隻陰沉的獵犬海克拉追擊多米諾的事。至少朱克斯家的人都是如此深信的。

說起來，朱克斯家的左鄰右舍都把這件事當笑話看，因為海克拉根本沒那個本事追上多米諾，只有被多米諾玩弄於股掌的份。大家都說：

「多米諾把海克拉耍得團團轉，不僅讓牠丟臉丟到家，還會看準時機把牠甩掉。」

「多米諾應該知道一大堆甩開海克拉的方法吧。」

海克拉經常發出每個人都聽得出來的特殊吼叫。那深沉、響亮且具穿透性的顫動音，在寂靜的夜裡，即使身在數哩之外也能聽得一清二楚。而且即使牠無意出聲，也會不由得叫出聲，每次跳躍時都會發出那特殊的吼叫，連在沿著自己的足跡踏上歸途時也會發出咆哮聲。

朱克斯家的男孩們深信，海克拉是一隻出類拔萃的名犬，而且還是純正血統的最佳模範。但左鄰右舍總愛開玩笑，說牠是「捕狐籠」與汽船警報器「霧笛」的混種，沒有比牠更雜的血統，因為牠會發出那種吼叫聲，恐怕全身上下大部分都是「霧笛」吧。至於不在乎傳聞的人，則會說牠是體型巨大、腳程飛快、粗暴野蠻的雜種獵犬，最大的特徵就是那聽過一次就難以忘記的聲音。

記得海克拉還被豢養在倉庫時，我第一次聽見牠的聲音，也被那嘹亮、尖銳，有如金屬般的奇特音色給嚇到。即使過了好幾天，那聲音似乎還持續縈繞在我的耳邊。

進入秋天以後，有一回，我在戈爾達山麓丘陵的森林裡散步，突然聽見一隻狗在吠叫，聲音當中有種金屬般的奇特低鳴，當下我立刻想起那是海克拉的叫聲。由於叫聲傳來的間隔十分規律，我判斷海克拉應該正在追逐某種動物的足跡。我就地坐下，靜靜地側耳傾聽海克拉的吠叫。

不一會兒，周圍有了別的動靜。沙沙沙，某個踩在落葉上的腳步聲愈靠愈近。

下一秒鐘，一隻俊美絕倫的動物踏著大而充滿朝氣的步伐，出現在我的視野裡。那是一隻全身黝黑的狐狸。只見牠快步前進，並在踏上眼前的橫木時停下腳步，轉頭望向敵人發出咆哮聲的方向。此時牠距離我約有五十碼（四十五公尺）。真希望牠能再靠近我一點，因此，我把手背貼上嘴巴，製造出「啾——啾——」類似老鼠或棉尾兔的叫聲。

狐狸猛地回過頭來看我，然後踩著輕盈的步伐迅速靠了過來。走到一半時，牠突然改變步伐，像貓咪走路，在距離我二十碼（十八公尺）以內的地方停了下來。接著抬起一隻腳，頭朝旁邊一歪，捲起尾巴擺出最優雅的傾聽姿勢，似乎想弄清楚不遠處發出的老鼠或棉尾兔的叫聲，確切位置究竟在哪裡。

噢，牠身上披的那件禮袍（王公貴族穿的外套）是多麼高雅啊！離冬毛長齊的時期明明還有一段時間，但那毛皮的黑是多麼光澤動人啊。再看看那尾巴的前端，竟然白得沒有半點瑕疵；喉嚨部位也長著白毛；一雙黃色眼睛閃閃發亮。烏黑的頭與頸毛前端的白，宛如神的光環一般，散發著神聖的光芒。我心想，從來沒看過如此美麗的生物啊。

當下我恍然大悟，原來這隻美麗的生物就是戈爾達山的銀狐。

我一動也不動，幾乎與銀狐一樣，始終保持著固定的姿勢。我發現很多時候只要停止動作，銀狐似乎就不會認為眼前的我是人類。不過，銀狐對於「尖銳如金屬般的咆哮聲」正在靠近一事非常在意，牠知道海克拉快要追上來了。於是牠隨即轉身，準備跨出矯捷的步伐逃之夭夭。

在銀狐轉頭望向附近草叢的瞬間，我再次模仿小動物的叫聲。於

是我再度目睹到銀狐集中注意力時那令人驚艷的優美姿態。只可惜我一個不經意的微小動作，讓銀狐認出了我的真面目。結果就在那一瞬間，銀狐如乍現的浮光般一溜煙地跑走了。

我繼續在原地坐了約十分鐘，另一隻動物出現了。是滿嘴口水、眼睛布滿紅色血絲的海克拉，牠看起來一臉不悅。海克拉追蹤著銀狐飛快奔馳留下的足跡，用笨重的身體穿過樹叢，破壞了大部分的障礙物，每隔幾呎（約一公尺）就發出低吼，一股腦兒地衝了過來。

只要海克拉願意，現在隨時都可以追蹤戈爾達山麓丘陵一帶腳程最快的銀狐，不過這等同於挑戰一場毫無勝算的賭博。

體型壯碩、動作遲緩的狗，努力嗅聞銀狐這種靈敏的野生動物的足跡，緊追著氣味不放，那模樣莫名令人發毛，即使一度差點搞錯銀狐逃跑的方向，海克拉還是成功且快速地釐清方向，而且準確得教人吃驚。

然而牠一下就中了多米諾「倒著走」的簡單詭計，當場迷失方向。

這時，我試著發出老鼠「吱——吱——」的叫聲，但不愧是一心一意追逐銀狐的海克拉，牠看也不看我一眼，淨顧著衝向錯的那條路。海克拉似乎滿腦子只想著要找到留下足跡的銀狐。

那麼海克拉捉到銀狐後打算做什麼呢？從牠那布滿血絲的眼睛與倒豎的鬃毛看來，大概只會痛下毒手吧。

我以前曾經熱衷於獵捕狐狸，那段經驗讓我覺得獵狐犬是一種

很討喜的狗，但那天親眼目睹一心只想要獵捕狐狸、如醜陋惡魔般的狗，追逐高貴的銀狐，感覺就好像看到一隻美麗的烏鶇被蛇緊纏勒斃。看著獨自追逐著銀狐的海克拉，實在難以感受到人狗之間那歷史悠久的信賴關係。我的心已經完全為銀狐所傾倒了。

多米諾的冬季生活

Long Night Moon

冬天到了。

農場的年輕人三天兩頭手持來福槍聚在一起，一行人沒有騎馬，只帶著三、四隻狗，徒步出發獵狐，雖然看起來一點也不像**傳統的獵狐**。當然，他們最想要的獵物就是銀狐。

之前曾經有過一次，也是唯一的一次，年輕人們騎在馬背上，帶著一群獵犬，出發前往進行真正的獵狐行動。但多米諾躲到休邦河斷崖上的小徑避難，成功擺脫狩獵隊，所以才平安脫逃。

三番兩次被獵人與獵犬追逐的多米諾，最後總是順利擺脫敵人，同時也累積了許多寶貴的經驗。此外，被追逐的次數愈多，牠的實力愈堅強，也懂得更多關於「足跡的祕密」，並且學會了保有自我的方法。

什麼叫保有自我呢？舉例來說就是不受大型獵犬（這裡所謂的大是從狐狸的角度來看，其實也就是一般的獵犬）恐怖的氣勢所影響。每次聽見獵犬震天價響的駭人咆哮聲，多米諾就會緊張得快不能呼吸，但其實震耳欲聾的聲音就只是聲音大了點，並不具有什麼神奇的魔力，只要忍耐著不輕舉妄動，再怎麼巨大的敵人也能安然擺脫。況且就算被發現了，牠也可以靠著自己的力量與速

某處傳來獵犬的叫聲……

度逃跑。多米諾學會了忍耐著不動的重要性，在力量增強的同時，也培養出了勇氣。

多米諾與其他獨居的狐狸一樣，在剛入冬的這個時期，都睡在地面上光禿的地方，而不住在巢穴裡（狐狸一般在冬天不使用巢穴）。密密麻麻的長毛就是牠的毛衣，蓬鬆的長尾巴就是牠的圍巾，讓牠的身體足以抵禦嚴寒的天氣。而且在地面光禿的地方，即使有獵人或獵犬在附近徘徊，也可以透過感覺敏銳的鼻子或耳朵迅速察覺到危險。

多米諾睡覺的時間幾乎都是白天陽光燦爛灑落的時候。對於狐狸來說，在白天睡覺幾乎可謂為一項不成文的規定。

直到太陽西沉，夜色降臨，便出發去覓食，開始一天的工作。跟其他狐狸的生活方式一樣，多米諾一邊遵循與生俱來的本能指引，一邊從出生後的經驗當中學習，出發去進行每天固定的覓食工作。

如果認為野生動物的眼睛在漆黑的夜裡也能看見東西，那可就誤會大了。野生動物用眼睛看東西，同樣也需要光線。雖然不像人類需要這麼多光線，但如果完全沒有光線，牠們同樣也是看不見東西的。是的，野生動物比人類更擅長靠摸索的方式在黑暗中前進，但光靠摸索恐怕是不夠的。

大多數的野生動物都不喜歡正午刺眼的陽光，牠們通常以早上與傍晚光線較弱的時間為主要的活動時段。明月高掛的夜晚，或星光與白雪互相輝映的清朗夜晚，也是野生動物的最愛。因此，多米諾在太陽西沉後，趁著光線符合牠偏好的這段時間，進行每天固定的覓食工作。

尋找獵物的時候，多米諾在大方向上以快步（trot）的方式逆風

前進。凡是可能藏有獵物的草叢或生長著苔草的濕地，牠都會溜到附近調查一番。曾經發生過好事的地方，也會一處不漏地順道探查。其他還有樹木、大石以及柵欄角落等，牠也會去檢查一下其他狐狸是否來過。

狐狸和狗或狼等動物一樣，牠們也會在自己平常徘徊的地區裡設置信號站，並依序打卡做記號（標誌）。

多米諾會順道爬上山脊，一邊張望山脊兩側一邊快步前進。牠用鼻子嗅聞風中是否夾帶著獵物的氣味，用耳朵捕捉到地面上枯枝落葉的輕微摩擦聲，若有動靜便會停下腳步側耳傾聽，發現沒有任何異樣後又繼續前進，否則就會像貓一樣躡手躡腳地湊上前去仔細探索。

有時遇到傾斜的樹木或高聳的石頭，牠會爬上去仔細眺望周圍一番；如果什麼都沒有的話，牠會像非洲著名的羚羊或跳羚一樣高高跳

嗅聞到雪地中休息的岩雷鳥後發動攻擊

起，以看清楚周圍。

多米諾會大膽靠近農場的建築物。當農場隨地區開發愈蓋愈多，狐狸數量愈來愈多也是事實，因為農場的殘羹剩飯或家畜飼料提供了狐狸食物，通常可以養活一到兩隻狐狸。

因此在多米諾的夜間遠行路線上，即使一定會遇到狗，還是會進出幾座農場。靠近農場的時候，牠固定使用兩種方法：

一種是在有安全的逃生路線、不必擔心被狗追的情況下，躡手躡腳地溜進去，安靜地偷東西；另一種是在有可能被狗攻擊的情況下，先刻意從遠處發出嚎叫聲，然後伺機而動。

如果狗衝了出來，就立刻逃走，倘若沒有任何動靜，代表狗在屋子裡面。這時，多米諾會偷偷潛入，尋找鑽得進去的建築物偷東西。

農場裡可以偷到的最佳獵物是肥美的雞。先悄悄地靠近，然後一口咬住雞脖子，再無聲無息地溜走。

不過對多米諾來說，無論偷到什麼食物，牠都非常高興。就算是餵給雞吃的麵包屑，就十分足夠。如果發現角落有被倉庫裡的捕鼠器夾到的老鼠，牠也會感到滿足。有時還能在豬的飼料箱裡找到一兩口還不錯的食物。在找不到食物的艱難時刻，靠著豬飼料箱裡的殘羹剩飯飽餐一頓，也是經常發生的事。

總之，多米諾不是每天晚上一定都能找到食物，但幾乎大部分的時候都有食物可吃。狐狸只要一週有五次能找到好的食物，就能夠維持健康。

於是，難熬的冬天就這樣過去了。

遇見另一半

野生動物並非隨性地漫步在大地上。無論何種野生動物，都有特定的活動範圍（自己的據點）。所謂的活動範圍，就是尋找自己食物的地方。野生動物會為了保護自己的活動範圍而打鬥，還會驅逐入侵自己活動範圍的陌生同類。

根據許多人的觀察，狐狸的活動範圍據信是距離中心三到四哩（四點八到六點四公里）的範圍，也就是直徑六到八哩（九點六到十二點八公里）的範圍。這個活動範圍似乎並非專屬於某隻狐狸的獨占空間，而會與其他狐狸的活動範圍相互重疊。擁有某個活動範圍的狐狸會認識隔壁活動範圍的狐狸，並知道鄰居的模樣或足跡的氣味，而且彼此之間互相認可，過著相安無事的日子。

但當有陌生的同類跑進自己的活動範圍時，情況就不同了。野生動物之間對於這樣的事情，存在著一套不成文的基本規則。

力量即正義；

離開，否則唯有一戰。

隨著雪月（一月）逐漸過去，多米諾雖然擁有美麗的毛皮、俊俏的外表和充沛的精力，卻開始強烈感受到形單影隻的寂寞。

多米諾並不明白自己為什麼渴望同伴。

但牠渴望同伴的心情一天比一天強烈，有時牠會坐在看得見農場倉庫的堤防上，側耳傾聽獵犬們的動向，如果感覺不是太危險的話，還會故意現身以引誘牠們追逐。

或者有時牠會爬到月光灑落的山丘上，什麼事情也不做，一邊在那裡打發時間，一邊發出長嚎。

寫書人把那種叫聲稱為「公狐狸的嚎叫聲」，獵人則稱為「單身漢孤單寂寞的聲音」。

多米諾的「單身漢孤寂的聲音」是這樣的：

呀噗、呀噗、呀噗、呀——啊——、呀——啊——、喲——；

呀噗、呀噗、呀噗、呀——啊——、呀——啊——、

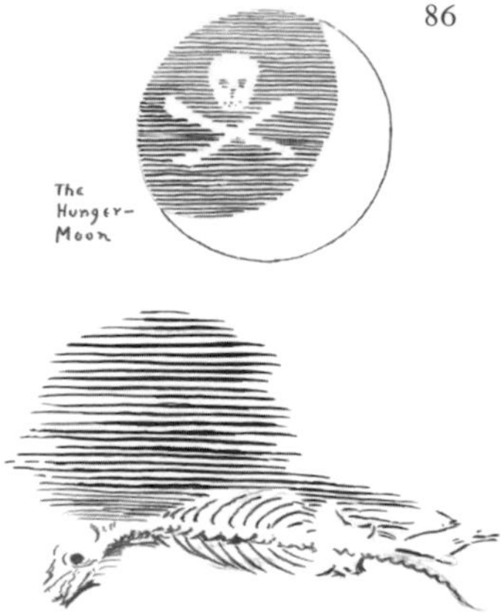

喲——。

在飢餓月（二月）的某天夜裡，多米諾接連不斷地發出這樣的嚎叫。這樣的嚎叫聲出自本能，牠實在無法強忍不開口。只要叫出來，心情就會變得輕鬆。牠並不認為會有同類回應。即使如此，叫完之後，牠還是會豎起耳朵注意周圍的動靜，可能是因為把心情傳達給同伴以後，心裡更加寂寞了吧。

這個時期掛在天空中的月亮，用人類的曆制來說就是二月的月亮。在嚴寒的冬日裡，也會有幾個稍微暖和的日子，溫柔的西南風會帶來少許濕氣。那微風將「春天的氣息」吹進了多米諾的心裡，形成了一種奇妙的心情。

呀噗、呀噗、呀噗、呀——啊——、呀——啊——、喲——；

呀噗、呀噗、呀噗、呀噗、呀——啊——、呀——啊——、喲——；

呀噗、呀噗、呀噗、呀噗、呀——啊——、呀——啊——、喲——⋯⋯

多米諾持續發出「單身漢孤寂的聲音」，並用那無拘無束的敏銳目光掃視周圍的雪景。突然牠看到某個影子在遠處的純白雪地上一閃即逝。多米諾靈敏地豎起耳朵，瞇起眼睛，把注意力集中在影子閃現的地方。然而，多米諾發現，在離自己更近的雪地上似乎有另一個影子迅速閃過，牠立刻拔腿追上前去。

人是靠外表記住、區別住在附近的居民，因此別人只要稍微更換不同的衣著，就可能遇到難以分辨的困擾。狐狸顯然擁有一套更好的方法。狐狸在分辨附近鄰居時，靠的是足跡的氣味、身體的氣味，以及對方真正的模樣。由於每一項都是不變的特徵，因此根本不會有混淆。

多米諾跳了幾步以後，就找到第二個影子留下的足跡。牠那絕不可能出錯的鼻子告訴牠說：

「這個腳印，是住在休邦河的布雷澤的腳印氣味。」

布雷澤是從以前就住在這附近的狐狸，因此牠有狩獵的權利。既然是布雷澤就沒關係，多米諾繼續向前跑，找到第一個影子留下的足跡。多米諾一聞到那個腳印的氣味，全身就熱血沸騰。那個腳印告訴

牠，這是從來沒見過的狐狸。

那是一隻陌生的狐狸，換句話說，腳印的主人入侵了多米諾的活動範圍。多米諾加快腳步追上前去，但隨著牠陸陸續續聞到新足跡的氣味，牠內心的怒火逐漸消失了。從那些腳印傳出來的別種氣味，在多米諾心中醞釀出新的念頭。牠第一次體驗到對於同伴的渴望，而且那份情緒前所未有地強烈。某個莫名深具魅力的對象，正在對著多米諾的鼻子如此私語道：

「快來找我！我就是你渴望的伴侶，狐狸小姐唷！」

多米諾拔足狂奔，沒想到卻在半路上，再次遇到比鄰而居的狐狸布雷澤的足跡。看來布雷澤也在追逐「狐狸小姐」。

又一次，多米諾內心湧現一股過去從未體驗過的情緒。不久之前，多米諾聞到布雷澤足跡的氣味時，牠只覺得，喔，原來是布雷澤啊，但現在聞到同樣的氣味，內心的感覺卻大不相同，怎麼會有如此劇烈的變化呢！現在的多米諾對布雷澤感到憎惡，從耳朵後方到尾巴根部的背部長毛全都豎直了起來。

穿越三、四片田地後，多米諾追上了布雷澤與狐狸小姐。牠們沒有在賽跑，也沒有在打鬥；看起來不是很親密，但也沒有敵意。闖入多米諾與布雷澤活動範圍的是狐狸小姐，牠的脖子上戴著雪茸，一圈優雅如雪的白色大斑紋。

雪茸一往前跑，布雷澤也跟著往前跑，跑到前方擋住去路。雪茸衝向布雷澤，一口咬了上去。布雷澤只是往後躲開牠，並沒有回擊。接著雪茸再度往前跑，兩隻狐狸磕磕碰碰地前進著。

多米諾一邊追著牠們跑，一邊對心中如暴風雨般的怒火與渴望感到疑惑。多米諾希望雪茸對牠展現出興趣，但對方的注意力較集中在布雷澤身上，這令牠感到相當失望。不過多米諾對布雷澤的感覺十分明確，因此牠轉身面向布雷澤，展現出強烈的敵意，喉頭發出低吼聲。布雷澤見狀也揚起尾巴，跨開雙腳站穩，發出「嗷嗚」的嗥叫聲，昂首露出齒列。

轉瞬間，多米諾與布雷澤面對面，怒目相視。雪茸乘機跑開。多米諾與布雷澤也跑了起來，一邊互相威嚇，一邊追逐雪茸。多米諾跑到雪茸前方擋住去路，雪茸停下腳步對牠低吼，但感覺有點溫和。

打鬥中的狐狸——尾巴也
具有盾牌的功用，可抵禦
對方的攻擊。

布雷澤隔著雪茸，站到多米諾的對面。雪茸與多米諾同時對布雷澤怒目相向。

多米諾與布雷澤互相衝向對方，大打出手。不一會兒，布雷澤便被打倒在地，牙齒嘎答嘎答地哆嗦著。多米諾以壓制在布雷澤身上的姿勢站了起來，但牠並不打算狠狠撕咬對方一番。

雪茸拔腿奔跑，多米諾與布雷澤追上前去。兩隻公狐狸隔著雪茸奔馳，同時呲牙咧嘴地威嚇著對方。

不過面對力與美兼具的對象，應該很少有雌性的心不被虜獲的吧。在三隻狐狸以快步的方式穿越田間的過程中，雪茸拉開了與布雷澤的距離，並稍微靠近了多米諾。三隻狐狸同時停下腳步，用後腳站立起來，將嘴巴湊在一起。但現在牠們已經不是互不相干的三隻狐狸了，而是一對狐狸與一隻狐狸。

那一對狐狸之中的銀狐多米諾用後腳站立的時候，高大得令人瞠目結舌。多米諾豎起大而濃密的尾巴，脖子上的長毛隨風舞動。牠發出深沉的咆哮聲，亮出嘴裡尖銳的獠牙。多米諾放下前腳，踩著堅毅的步伐，一步一步走向布雷澤，雪茸則緊緊跟在多米諾身後。

這一會兒，恐怕連布雷澤也意識到勝負已定了吧，於是牠一個轉身，垂頭喪氣地夾著尾巴逃跑了。

就這樣，多米諾找到了牠一生的伴侶。這就是狐狸的

結婚。雖然沒有儀式，但結婚的基本特色跟人類的毫無二致。

即使無法理解透徹，冥冥之中卻有一股強大的力量，牽引著兩條生命共生共存。沒有絲毫的疑惑。兩隻狐狸互相彌補對方身上的不足。兩隻狐狸相伴在一起，創造出兩倍的力量與才能的結合。兩隻狐狸互相幫助，從此共同開創我們所知的，那種充滿苦難卻快樂且美好的日子。

雪茸

第二部

永結同心

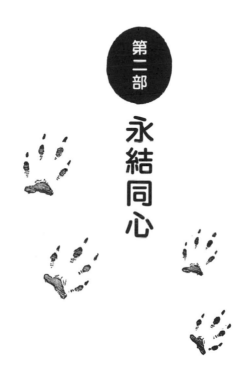

春天

春天造訪了陽光普照的戈爾達山麓丘陵。原本一片雪白的大地，變成了夾帶著些許綠意的咖啡色。河川帶走融雪水，啄木鳥不甘寂寞地叩叩叩敲著樹幹，雨蛙的合唱從冰冷的池塘中響起。

還殘留著些許冬意的森林中，冬青從微融的雪底下伸出紅色的果實，彷彿白雪滋養出來的櫻桃一般。嫩澤的冬青葉也從雪中探出頭來，這樣說道：

「終於等到我期盼已久的季節了。你說紅色的果實長在春天的雪

地上毫無道理？這可是我深思熟慮後的結果啊。」

岩雷鳥、松鼠和提早從冬眠中醒來的土撥鼠，盡情享用著冬青的紅果實，這是烏鴉月（三月）提供的饗宴。倘若熱愛自然的人們見到冬青的紅果實，也就真心相信，在這個看似貧瘠的時期，大自然依舊會供應各式各樣的食物。

從森林到湖泊、雄性到雌性，動物們都在歡唱、邂逅與求愛，享受當下的時光，忙著為即將誕生的新生命做準備。雪茸與多米諾也接受彼此的愛意，享受每天的生活，並準備迎接即將誕生的新生命。

所有動物都耗費數十萬年的漫長歲月，探討什麼才是結婚應有的樣貌，於是為了追求理想的結婚，雄性與雌性不斷地親身試驗。

冬青

在人類漫長歷史中反覆重演的，或許可說是一段確認所有結婚形式的過程吧。結果人們發現，幾乎所有的結婚形式都有問題，唯有一種例外，那就是與固定對象相伴一生的一夫一妻制。

為什麼一夫一妻制對於維繫生活很重要呢？因為這麼一來，即使在愛火燃燒得最旺盛的季節結束後，仍然能夠以其他的形式培養彼此的關係。

沒錯，雪茸與多米諾的愛火，在飢餓月進入倒數之際，也幾乎快燃燒殆盡了。就好像日落西山前最後的一道曙光。然而，比起愛火在最後一刻燒得最旺盛的日落紅，牠們之間的關係更接近花崗岩那種低調卻沉穩的紅。

人類把這與愛火清楚地劃分開來，並稱之為友情。愛火有時閃閃發光，但真正為生活增色的，是花崗岩那種富有深沉韻味的紅色。

雪茸與多米諾不僅是一對相愛的配偶，更是一生相伴的朋友。一夫一妻制是所有高貴動物的基本生活形式，而狐狸夫妻也是其中之一。

山上的積雪融化，匯流成冰冷的小溪。雪茸與多米諾為了即將出生的狐狸寶寶，出發尋找未來育兒的地點。牠們以快步前進，尋找合適的地點，然後又繼續前進。不，更正確地說來，應該是雪茸負責尋找，多米諾只是跟在後面而已。

牠們來到戈爾達山東麓的丘陵地，發現已經有其他的狐狸用簡單易懂的狐狸語，在這裡寫下「初來乍到的新人，當做好戰鬥的心理準備」。

於是，兩隻狐狸越過戈爾達山上的重重積雪，再次下山來到休邦河的谷地。牠們沿著河岸步行，最後抵達山楊樹林的河谷。那裡是多米諾小時候生活的地方。

雪茸覺得終於找到自己想要的地方了。

雪茸一會兒跑來這裡嗅嗅地上的味道，一會兒又跑去那裡聞聞地上的味道。接下來，牠似乎看中了一個長著茂密榛樹叢的地方。牠一鑽進樹叢裡，便開始用前腳挖雪。牠一直挖、一直挖，終於挖到了覆蓋在地面上的厚厚的落葉層。如果沒有被深深的積雪與厚厚的落葉層埋住，那塊土地一定會結凍而無法挖掘。不曉得是出於本能，或是其他無法解釋的神祕理由，總之雪茸順利地找出了土壤沒有結凍的地方。

多米諾爬到附近山丘的斜坡上，警戒地觀察著周圍。雪茸持續挖了大約一小時後，輪到多米諾挖洞。兩隻狐狸就這樣輪番上陣，持續不停地挖洞。

雪茸與多米諾花了兩、三天的時間挖出牠們的巢穴。從入口進去以後，是一個長而微彎的隧道，中途開始變成上坡的隧道，最裡面則打造成一間圓形的巢窩。巢窩旁還分支出另一條隧道，往前走幾碼（兩、三公尺）是一個小型儲藏室。巢窩後面還有另一條隧道，傾斜向上延伸，直到碰到接近地表的凍土為止。

在新巢穴定居下來後，雪茸每天都用前腳刨挖隧道尾端接近地表的凍土。每一天凍土都會融化一點點，變得愈來愈好挖。最後，牠總算挖出了地表。

那裡是一片去年生長出來的草叢，也是新的入口，看起來又圓又漂亮。於是，雪茸把最初挖的洞口封了起來，因為挖掘隧道時掏出來的土壤堆積成山，看上去太顯眼了。

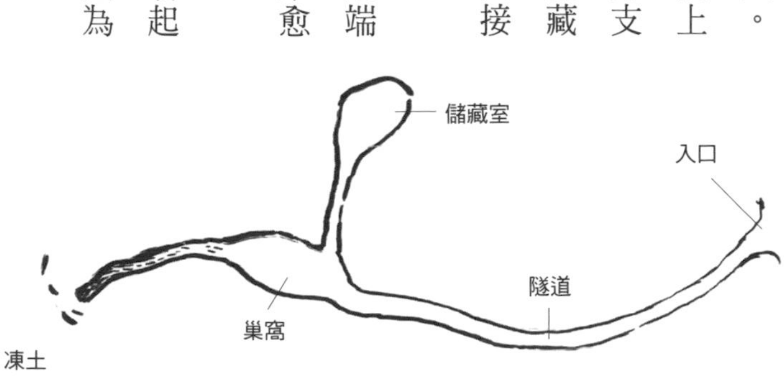

新的入口沒有從裡頭挖出來的泥土，就只有一個洞口，除非走到幾呎（約一公尺）以內的距離，否則應該沒有人會發現那是狐狸巢穴的入口，而且眼看著雜草一天長得比一天高，應該更容易躲過敵人的目光才是。

獵物短缺的季節已經過去了。

某天晚上，雪茸抓到一隻在夜晚的森林裡四處亂晃、毫無防備的土撥鼠，但當時牠並不餓，便在儲藏室的沙地上挖一個洞，把胖嘟嘟的土撥鼠埋了進去。

為了避免讓人在巢穴附近發現牠們的蹤影，雪茸與多米諾非常謹慎小心，每一天都大費周章，設法掩飾巢穴位置。

雪茸經常會在流經巢穴附近的小河中走上一百碼（九十一公尺）以後，才開始狩獵行動。這樣一來，即使敵人循著足跡的氣味追蹤而至，最後也會在快靠近巢穴時消失不見。

多米諾如果看到農場的年輕人來到離巢穴二十碼（十八公尺）左右的地方，牠會整個身子平貼在傾倒的樹幹上，或是靜靜躲藏在草叢裡，讓人類作夢也想不到這附近竟然有狐狸生活，因為牠早已領教過人類的恐怖了。

然而有一天，多米諾遇到一個完全不可怕的人類。那個人朝牠靠近，但和獵人不一樣，是個小孩子，身上還披著長長的披風，雖然有腳，卻穿著裙子而非褲子，看起來腳好像從中間消失了一樣，手上則提著一個籃子。

多米諾雖然沒有感覺到危險，卻也不敢掉以輕心。那個女孩是個小學生，她只是來摘採冬青，不過多米諾並不曉得這件事。女孩朝多米諾愈靠愈近，多米諾只是一動也不動地站在原地，臉上未露出任何懼色。多米諾透過某種方法知道，「這孩子是不具威脅性的人類，她想與我親近。」不過那方法並不是誰傳授給牠的，也不是牠從經驗中學來的，那是只有不會說話的生物才懂的方法。

在與人類邂逅中初次感受到的親切感與好奇心的驅使下，多米諾放心地一步一步走向女孩。女孩停下腳步，以好奇而非恐懼的心情盯著多米諾看。她覺得自己內心湧起一股愈來愈溫暖的感覺，她好想要摸一摸多米諾那充滿光澤的美麗毛皮。多米諾想要再靠近一點，想把身體湊上去。於是，雙方都朝對方愈靠愈近。

然而可惜的是，這份即將誕生的新友誼，竟在臨門一腳之際，硬生生地被瓦解了！

女孩一向帶在身旁的小狗從遠處跑來，一開口就汪汪大叫，把現場氣氛破壞殆盡。當多米諾腳步俐落地遠離女孩後，小狗卻又不以為然地跑掉了。

女孩摘滿整籃冬青回家以後，向人說起她在附近遇到的奇妙冒險經歷，說有隻毛色美麗的狐狸對她露出友愛的眼神。

但除了小孩子或上了年紀的大人，應該沒有人會相信女孩說的話吧。換句話說，唯有了解孩子或是了解狐狸的人，才能夠明白她在說什麼吧。

誕生

臭菘與藜蘆盡情伸展葉片的季節轉瞬即逝，取而代之的是雪割草與豬牙花。這些花花草草都是動物的最愛，生物的世界一下子就充滿了活力。

時節從烏鴉月進入綠草月（四月），這是野生動植物重現豐盈生命力的月份，重獲新生的喜悅充盈在空氣中、森林裡與大地上，連雪茸也迎來新的變化。

這對多米諾來說是件震驚且預料之外的事：雪茸突然

開始躲避多米諾了，而且幾乎把牠當成敵人般避之唯恐不及。每當多米諾追著雪茸想鑽進巢穴時，雪茸就會凶狠地作勢咬牠，不讓牠進入巢穴裡。

多米諾完全無法理解雪茸的舉動，但牠身為一隻公狐狸，無論如何都會尊重母狐狸，理由很單純，不是因為牠們理解每一項行為背後的道理，而是因為牠們重視雌性的行為。

或許有人會說，這種對待雌性的方式只不過是動物的生存法則罷了。

不過，如同最根本的騎士精神，多米諾只能暫時選擇不進入巢穴當中。

豬牙花

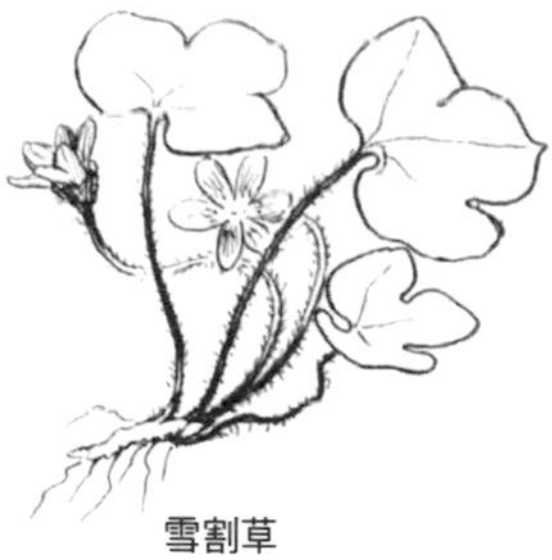
雪割草

然後就在這段期間，一件偉大的事情發生了。

人類的母親會深愛自己懷胎十月生下的嬰兒，會溫柔地撫摸並餵食母奶，但究竟是誰指導她們這麼做的呢？

並不是其他媽媽教的，更不是什麼所謂的智慧。無論是在沒有學校的國家或在文明國家，所有媽媽疼愛嬰兒的方式都是一樣的。

究竟，是什麼樣的老師？而我們又該如何稱呼那位老師呢？或許每個人各有定見吧。無論如何，教導狐狸寶寶的媽媽要疼愛嬰兒的老師，和我們人類媽媽的老師都是一樣的。

雪茸主動待在黑暗的巢穴裡，獨自迎接寶寶誕生的那一刻，並且用最妥善、最聰明的方法，完成所有牠必須為初生嬰兒完成的事情。明明在雪茸從小到大的生命中，從來沒有機會學習任何關於這方面的知識，牠卻毫無疏漏地完成了所有事情。

雪茸總共生下五隻狐狸寶寶，個個長得又小又不討喜，如果被人類看到的話，說不定還會說牠們「長得真醜」。不過對狐狸媽媽來說，那是牠這輩子遇過任何事物都無可比擬的、完美且珍貴的存在。雪茸用從內心滿溢出來的、完美而嶄新的愛，愛著牠的孩子。牠保護孩子、鼓勵孩子，然後連牠自己也改頭換面了。

經過一段很長的時間，雪茸才敢將狐狸寶寶留在巢穴，獨自步出巢穴。牠好不容易離開巢穴，卻只是想到附近的小溪喝水而已。小溪旁的多米諾，靜靜地注視著雪茸。雪茸看見多米諾後，稍微垂下耳朵，如果牠沒這麼做，或許根本無法判斷牠究竟有沒有看到多米諾。多米諾趴了下來，連脖子都緊貼在地。雪茸再次折返巢穴。

那一天，雪茸毫無食欲。隔天，牠雖然肚子餓了，卻也不想出門獵食。其實在這麼重要的時刻出門獵食，實在不太合適。但生完

寶寶過了一段時間，應該所有狐狸媽媽都會覺得肚子餓吧。也因為這樣，狐狸的腦內才會內建貯藏食物的本能吧。雪茸恐怕沒有意識到，牠就是為了這樣的時刻，才會預先把土撥鼠貯藏起來。多虧這樣的本能，雪茸的這一餐有著落了。

過了兩天以後，雪茸再度感到飢餓，於是牠走出巢穴，一出來就看見入口處放著幾隻剛被殺死的野鼠。那些獵物大概是多米諾抓來的，但牠究竟想給誰？究竟是為誰準備的呢？

唯一可以確定的是，狐狸媽媽會吃掉那些獵物，然後為狐狸寶寶製造母奶。從那天起，每天都有食物放在巢穴的入口，或是藏在草叢或落葉底下。

狐狸寶寶誕生以後，前九天始終閉著眼睛，直到第十天才睜開眼睛。發現牠們不再成天嗚嗚叫了，狐狸媽媽這才放下心來。與此同時，多米諾也幾乎不再遭到雪茸的攻擊。又過了幾天，多米諾開始和家人一起生活了。

與孩子們一起生活，對多米諾是一種全新的體驗。牠已做好充分準備，對孩子付出全心的愛，而實際在孩子身旁生活以後，牠的內心產生了一股溫暖的感覺。

關於狐狸爸爸究竟懷抱著多少身為父親的感情，其實個體之間存在相當大的差異，有些狐狸爸爸對孩子毫不在意，有些狐狸爸爸卻像狐狸媽媽一樣，積極參與育兒的工作。

多米諾是那種非常擅長育兒工作、與牠高貴姿態十分相稱的狐狸爸爸。

身為多米諾與雪茸的孩子，恐怕沒有其他狐狸寶寶能像這群出生在休邦河畔的小狐狸一樣，如此受到雙親的悉心呵護與妥善照顧了。

狐狸寶寶出生約一個月後，這一群小巧、胖嘟嘟的孩子開始學習走路。牠們第一次步出巢穴，沐浴在陽光底下。牠們動作慢吞吞、體型圓滾滾，看起來就像全身包裹著蓬鬆軟毛的小豬。儘管一點也不敏捷，也不漂亮，卻有種無以名狀的絕佳魅力——那是手無縛雞之力的嬰兒才有的吸引力。

看著狐狸一家人，不可能沒人注意到狐狸寶寶的無敵可愛。成年的狐狸會不由自主地躺在狐狸寶寶身邊，有時摸一摸牠們，有時親暱地湊上去。就跟人類父母對自己嬰兒做的事情一模一樣。而且為了保護小嬰兒，要擊退所有的危險或敵人。小嬰兒的魅力，激發了牠們的勇氣，那是平常為了自己

也絕對無法展現的勇氣。

多米諾小時候在巢穴前與家人相處的畫面，如今再度上演。狐狸寶寶一天天成長茁壯，看起來愈來愈有狐狸的樣子了，而父母的溫柔也日益加深。

偉大的日子持續在休邦河畔上演著，那裡有著寧靜天空與悠悠微風的喜悅，有健康而充滿活力的喜悅，有捕捉到充足獵物的強烈喜悅，有學會狩獵技巧的喜悅，更重要的是，那裡有愛人在身邊的喜悅。

但喜悅到達了某個程度，或是處在高度喜悅當中時，則應該從高處小心翼翼地往下看。

這樣才會知道自己究竟來到多高的地方，或者萬一墜落下去又會掉到多深的恐怖谷底。在美饌佳餚的喜悅旁邊，總有一位名叫死亡陰影的客人，這是自然的法則。愈是身處在喜悅巔峰，愈不該忽略那位叫死亡陰影的客人。如果那位客人就這樣從身旁經過而什麼事也沒發生，此時即可慶幸道：「噢，太好了，我好幸福！」

山楊樹林

難纏的海克拉

有一天，出門狩獵的多米諾叼著獵物正走回巢穴。仔細一看，有五顆毛茸茸的頭，黏著五個小小的黑鼻子，和十顆像珠子一樣的眼睛，一齊聚集在巢穴的入口，不知盼的是多米諾，還是牠口中銜著的獵物。

這時，耳邊傳來一陣獵犬的咆哮聲，那叫聲直射心臟，回音不絕於耳。多米諾嚇了一跳，趕緊跳上樹墩。能夠發出這種詭異咆哮聲的狗，只有多米諾從小到大的敵人海克拉而已了。

很明顯地，海克拉來到了祥和的山楊樹林附近。多米諾聽見那邪惡的咆哮聲後，勇敢地壓抑住不自覺顫抖的恐懼，主動出面去迎擊海克拉。雪茸則呼喚狐狸寶寶躲回巢穴裡。

多米諾好幾次都成功地跳到海克拉面前，引誘牠遠離巢穴。牠們一前一後地奔跑，漸漸離山楊樹林愈來愈遠。突然之間，海克拉聞到雪茸足跡的氣味，轉而追蹤起牠的去向。

多米諾察覺到海克拉並未跟上來，於是回頭追上牠，並故意讓對方看到自己的身影，挑釁地對牠吼叫。海克拉隨即又拋下雪茸的足跡，再次掉頭追擊多米諾。

無論多米諾或海克拉，兩者的體力都處於巔峰狀態。猛烈而強勁的追擊整整持續一小時之久。多米諾對自己的強壯很有信心。牠以為這次也能像以往一樣，先把海克拉引誘到遠處，再甩掉對方獨自逃跑，但牠突然意識到這次並沒那麼簡單了。海克拉在經年累月的經驗教訓下，已經成為一名出眾的追擊者。多米諾為了甩掉海克拉而設計的策略，竟然一次、兩次都失敗了。

這時，多米諾想到可以利用休邦河侵蝕出的斷崖上那條狹窄的小徑，便把難纏的敵人引誘到那個方向去。

這一切究竟是偶然，還是牠事先想好的策略呢？誰也不曉得真正的答案。

隨著腳步逐漸接近斷崖，多米諾與海克拉之間的距離也愈來愈近。銀狐充滿光澤的美麗背影，彷彿在休邦河岸翩然起舞般引誘著海克拉。這時，多米諾似乎出現了倦意，奔跑的速度頓時緩了下來。

海克拉朝多米諾急起直追，愈跑愈賣力，不一會兒牠也感到疲倦，跳躍的力道也減弱了。此時，多米諾的速度變得更慢，於是海克拉更加賣力地追上前去。牠們一前一後來到了斷崖上的寬石臺路，愈往上跑寬度愈窄。

海克拉心想，「我終於贏了。」而且更慶幸的是，狐狸奔跑的速

狐狸的腳印

狗的腳印

度又變得更慢了。心懷不軌的獵犬死盯著狐狸的動向，內心打著如意算盤：再跳四步的距離就逮著了，況且斷崖上的石臺愈縮愈窄，根本無處可跑。

海克拉逐漸拉近與多米諾之間的距離。牠心想，太好了，只剩不到一個跳步的距離，就可以逮到狐狸了。狐狸最後那一跳，看起來疲軟無力。海克拉心想，很好，你逃不掉了，接著奮力往前一跳。

然而出乎意料的是，狐狸一溜煙就竄到前方去了。

海克拉氣得一股血直衝腦門，完全忘記自己肩膀太寬、身體朝橫向發展的事，只顧著用力一蹬，朝著狐狸再跳出一大步。這時，牠感覺身體側面碰撞到粗糙的岩石，海克拉彷彿被岩石推了一把，整個身子被拋向空中，然後就這樣墜入寒冷如冰的休邦河激流之中。多米諾緩緩轉過頭來，看著海克拉掉入休邦河後，河面上激起的水花。

那一段坐落在丘陵之間的休邦河特別狹窄，即使在缺水的夏天也始終水勢湍急，更何況是水量豐沛的春天，流經此處的河水更如大浪般一波接一波地拍打在斷崖的岩石上。海克拉由於撞到岩石身受重傷，只能順著川流載浮載沉。川流彷彿在歡唱一般，一會兒將海克拉沖過來，一會兒又將牠帶過去，只見牠一下子撞上岩石，一下子又沉入水底。之後過了兩哩（三點二公里）遠，一陣大浪捲起，輕輕鬆鬆將牠拋上了岸邊。海克拉就這樣橫躺在岸上，模樣實在慘不忍睹。

那天晚上，海克拉沒辦法走回家裡。整個春天牠都無心追尋獵物的蹤跡，即使到了夏天也始終無法振作起來。

彷彿什麼事情也沒發生過一樣，那五顆毛茸茸的頭，上面黏著五個小小的黑鼻子和十顆像珠子一樣的眼睛，依舊每天在巢穴的入口探頭探腦。顯然狐狸寶寶天不怕地不怕，因為牠們相信狐狸爸爸是無所不能的。

對於孩子來說，山楊樹林的巢穴是一個寧靜安詳的世界。

鹿媽媽生氣了

如今已進入盛夏時節，這是繽紛燦爛的玫瑰月（六月）中最美的一段時期。小狐狸以驚人的速度成長茁壯。其中兩隻繼承了高貴的血統，全身長滿深黑色的毛皮，而且顯然都擁有出眾的力量。

雪茸與多米諾只要捕捉到獵物，都會留活口直接帶回巢穴裡，好放在小狐狸面前，讓牠們練習狩獵。每一天，對小狐狸來說都是一場冒險，或是一場測試肺活量與奔跑速度的考驗。狩獵永遠是小狐狸最棒的老師，是牠們鍛鍊身體、提高能力的機會。

幾乎每天都會發生即使喪命也不奇怪的意外，但透過這些經驗，多米諾變得更強壯、更聰明，也更機敏了。

戈爾達山麓附近的某處山丘是一個很好的狩獵地點，因為那裡很容易找到土撥鼠。

有一天，多米諾為了尋找土撥鼠，步行穿越山丘上的石楠樹叢。突然間，牠嗅到一股特殊的氣味，牠發現一隻巨大的動物蜷縮在草叢裡。那隻動物的毛色是明亮的棕紅色，上面還有許多白色斑點。

有句話說：「草原之上沒朋友。」

多米諾瞬間僵在原地，像座雕像一動也不動。牠直勾勾地盯著眼前這個從未見過的奇妙生物，心想對方若衝過來，牠就要往旁邊跳開。但那隻紅底白斑的動物好像死了一般動也不動，頭垂得老低，整個下巴都貼在地面上了，只見牠目不轉睛地盯著多米諾看，一雙骨碌

碌的濕潤大眼透露出明顯的懼色。

休邦河附近的鹿非常稀少，幾乎可說沒有牠們的蹤影。多米諾對鹿這種生物毫無概念，牠不曉得自己究竟該如何作想。不過牠現在知道了，比起牠對那隻小鹿的防備，那隻蜷縮的小鹿似乎更害怕牠。

多米諾逐漸放下心中的戒備，取而代之的是更多的好奇心。多米諾朝著小鹿跨出一步。小鹿依舊無聲無息，也不眨一下眼睛。多米諾再往前走一步。牠已經來到了只要一個跳步就能攻擊對方的距離。即使如此，小鹿還是像死了一般動也不動。

於是，多米諾又再前進一步，走出草叢，全身暴露在小鹿面前。這時，小鹿突然用牠的長腿一跳，發出「咩咩咩、耶耶耶」的叫聲，然後肢體不協調地飛越過高高的石楠草。多米諾在同一個地方跳過石楠，追上前去。現在牠不僅知道自己沒有危險，更充滿了好奇心，因此情緒非常雀躍。於此同時，小鹿還是不斷地咩咩叫。

突然之間，不遠處傳來地面被用力踩踏的「咚、咚、咚」的震動聲，鹿媽媽在一眨眼之間趕到現場。牠的背毛筆直豎起，眼睛氣得泛出綠光。每天身處在凶險之中的多米諾在那一瞬間意識到，今天的敵人就是眼前這傢伙。

多米諾飛快逃離現場，但鹿媽媽刻意用鼻孔喘著粗氣，用銳利危險的尖蹄踏著地面一路追上前來。牠的體型將近是多米諾的十倍，跑起來像風一樣快。

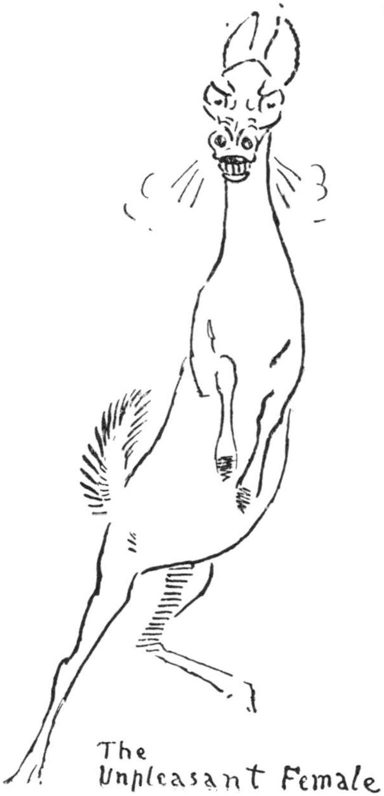

鹿媽媽繞到多米諾前面，一抬起前腳就凶猛地踢向多米諾。多米諾往旁邊一跳，躲開對方前腳的攻擊。萬一被那銳利的尖蹄踢到，恐怕就一命嗚呼了吧。

鹿媽媽繼續用前腳猛踢，多米諾每次都靈敏地閃躲到一旁，但牠絲毫不肯放過多米諾，不斷地用前腳攻擊。鹿媽媽明知小鹿沒有受傷，也已經確保牠安全無虞，卻遲遲不肯停止攻擊，想必牠認為所有攻擊小鹿的敵人都必須殺掉才行。

鹿媽媽不費吹灰之力地穿過石楠草叢與黑莓樹叢，緊追在多米諾身後，三番兩次地用前腳發動猛烈攻擊。不僅沒露出任何疲態，攻擊的力道甚至一次比一次猛烈。牠的怒氣不斷上升，攻勢愈來愈激烈。

平坦的草原對多米諾相當不利。黑莓樹叢阻礙不了體型巨大的鹿媽媽，但卻是會讓多米諾彈飛出去的障礙物，妨礙牠的行動。如果沒有黑莓樹叢，身輕如燕的多米諾早就躲掉鹿媽媽的攻擊，暢快地享受著其中的樂趣了吧。

結果接下來的三十分鐘，雙方就這樣反覆上演著鹿媽媽追擊多米諾、用前腳攻擊多米諾，多米諾再往旁邊跳開的戲碼。再這樣下去，一百次之中只要有任何一次閃躲失敗，多米諾就小命不保了。最後會被鹿媽媽前腳的尖蹄踩得粉身碎骨、無法動彈，只能任由對方宰割。

既然如此，牠得立即想出其他更聰明的辦法。辦法就是全力衝刺，躲到能保護自身安全的地方。

此時身在黑莓樹叢旁的多米諾，開始從草原往森林的方向全速衝刺。攻勢猛烈的鹿媽媽緊追在後，多米諾竭盡全力地奔跑。然後，就在鹿媽媽再度抬起前腳，伸出蹄子撲上來的瞬間，多米諾往旁邊一跳，瞬間消失在森林裡。鹿媽媽尖銳的前蹄撲了個空，直接撞上了樹幹。

長滿一根根堅實樹幹的森林，對身手靈敏的多米諾是有利的。牠可以盡情戲弄不安好心眼的鹿媽媽，和一直咩咩咩吵個不停的小鹿。

多米諾又上了一課。凡是陌生的生物，一定都是敵人，這是牠從這番痛苦經驗中學到的、不能遺忘的教訓。

祕藥陷阱

人類聲稱自己需要毛皮而設下陷阱，聲稱動物會造成危害而設下陷阱，其中甚至有人不為任何目的而設下陷阱，更可怕的是他們一年到頭都將陷阱放在那裡。班頓家的兩個兒子就屬於後者。

他們幾乎不知道真正的陷阱獵人在設置捕獸器時，究竟該注意哪些事項。因此，他們一再地犯下錯誤，每次都在辛苦設置的捕獸器裡留下人類的氣味。

班頓家的兩個兒子在設置陷阱時，還犯了許多不該犯的事，因此

任何靠近捕獸器的狐狸，只要稍微具備一點點身為狐狸的智慧，就能夠看穿陷阱，然後牠們會故意用小便等方式留下輕蔑的記號。不曾有狐狸落入那兩人的陷阱也是理所當然的事。

說起來，班頓家兩個兒子設置陷阱的方式，至少有三大缺點。

第一，他們沒有消除捕獸器上鐵的氣味。

第二，他們把自己的手的氣味留在捕獸器上了。

第三，他們把自己的足跡氣味留在地面上了。

其中第三點的「足跡的氣味」，通常過幾天就會消失，但他們三不五時就跑去察看陷阱，一再踩出新的腳印，所以捕獸器附近總是附著著人類的氣味。而第一點的「鐵的氣味」，如果不處理是不會消失的。甚至如果捕獸器被雨淋濕，氣味還會變得更強烈。

多米諾知道所有埋藏在牠活動範圍內的捕獸器所在位置。無論晝夜，只要牠想去捕獸器設置的地方，隨時都知道怎麼走，甚至比班頓兩兄弟還清楚知道確切的位置。只要剛好有陷阱設置在自己經常走動的路線附近，多米諾會順道調查一下。牠會站在安全的地方觀察，而且，或許是因為牠早已看穿了那可笑的設置手法，所以牠會用一些行為來表達內心的輕蔑或嘲笑——若按照那兩人設置陷阱的方式，恐怕連笨拙的土撥鼠或不懂得動腦的兔子，也會覺得很愚蠢。

換言之，多米諾確實會在順道調查陷阱時，留下表達輕蔑的記號，但因為牠總是小心翼翼地從旁觀察而不靠近，所以輕蔑的記號（糞便）都留在稍遠處的石頭或樹墩上。

剛好在那段期間，班頓家兩個兒子的其中之一巴德・班頓，得知了一項有關陷阱設置方法的新知識。

某個來自北部森林的人告訴他一種「蠱惑狐狸的祕藥」，那種祕藥是用河狸的臭腺、茴芹的種子、旋花油、魁蒿油和其他生藥調配而成，再透過深夜的儀式賦予其魔力，據說只要少少幾滴就能引來附近所有的狐狸，奪走注意力，讓牠們輕易掉進任何陷阱裡。

於是巴德立刻帶著祕藥四處走訪他們的陷阱，並在每一處都灑下幾滴祕藥。人類只能隱約聞到祕藥的氣味，不太注意得到，若以聲音來比喻，就像從遠處傳來的微弱聲音。

但同樣的氣味對狐狸來說，卻可能像管弦樂團那般震耳欲聾，因為相較於人類幾乎毫無用處的鼻子，狐狸的鼻子可是相當靈敏。有時候不愛聞的氣味，傳到狐狸鼻子裡就變成了如玫瑰花香或阿拉伯的春風，這也不是什麼奇怪的事。

事實上，巴德不小心在衣服上滴了幾滴祕藥，大家都覺得不太好聞。他一回到農場踏入馬房，馬就把臉伸出窗外呼吸新鮮空氣；他在家裡的時候，父親要他待在餐桌的另一頭別靠近。

祕藥的氣味隨著風飛進多米諾靈敏的鼻子裡。那氣味清新得就好像從大型篝火中裊裊上升的煙霧一樣，而且牠並不討厭那氣味。對多米諾來說，要尋找那氣味是從哪來的，就像要尋找喇叭聲或瀑布聲的來源一樣易如反掌。

多米諾在風中感受到的氣味，彷彿迷途的旅人在夜裡看見房舍中透出光線一樣，頻頻呼喚著多米諾；或者像造訪森林的人聽見「精靈帕克」的音樂後，恍恍惚惚地湊上前去那樣危險。傍晚出門狩獵的多米諾，抬高鼻子嗅到風中那股氣味後，便追隨氣味跑了起來。

前進了一哩（一點六公里）後，多米諾抵達了牠熟悉的老地方。那裡散發著人類的足跡與手的惡臭，還有強烈的鐵製捕獸器的氣味，而且陷阱裡頭還綁著一顆用來引誘動物未免過於寒酸的雞頭。那氣味似乎正辯解著：真抱歉，拿出如此不像樣的食物。

然而，如今一切看來都變了。就像夕陽把河堤照得一片赤紅、把雲朵照得金光閃閃一樣，祕藥的氣味從多米諾心中奪走了牠的自制力。

多米諾就像被迫吸進麻醉用的乙醚一般，逐漸失去探索外界的感覺，倒是體內的血液不斷沸騰。噢，多麼非比尋常的興奮感啊！

除了舒服與快感的交錯刺激，多米諾更體驗到一種過去從未體驗過的恍惚感。這種興奮的感覺像什麼呢？像是劇烈奔跑一大段路後停下來休息，又像從刺骨的寒意中走入溫暖的房間，亦或是戀愛或肉體的陶醉感，再不然就是用美食填充空蕩的胃的感覺吧。

此外，那也像是第一次品嚐到絕世美味時，最初獲得的體驗；或是喝下白蘭地後，那股抹滅成天埋首於工作中的自我、將人帶入夢中世界的醉意。

多米諾心臟撲通撲通地跳動，鼻孔張得老大，不停喘著粗氣，然後半閉著眼睛緩緩靠近那美妙如魔女般的氣味。牠已經來到被土壤覆蓋住的陷阱之上了。當然，多米諾老早就知道捕獸器的位置，但現在的牠早已失去自我，完全沉浸在異樣的興奮之中，只顧著享受身體的悸動。牠順從著內心的渴望，一步一步走向散發出氣味的陷阱，一心想要自投羅網。

不，事實上，多米諾在滲著幾滴祕藥氣味的捕獸器附近，匍匐在地面上摩擦著身體。牠陷入一種奇怪的性興奮中，不斷地扭動身體，搖頭晃腦，還讓泥土弄髒了脖子上美麗的毛。牠那高貴優雅的毛皮被泥濘的土沾得黏膩不堪，整個身子仰躺在沙土上翻來覆去，沙裡還混著被風吹得支離破碎的死雞碎肉。

多米諾滿心陶醉在這場無與倫比的美夢中。然後，就在牠以為來到美夢最高潮的瞬間，「啪嗒！」耳邊突然傳來鐵夾彈簧的聲音。牠知道殘忍的捕獸器夾住了牠背部的毛。

多米諾從甜美的夢中驚醒，異樣的興奮感也瞬間消失。

多米諾身為獵物的本能完完全全地甦醒過來了。牠跳了起來，四隻腳穩穩站好，伸展牠的背脊。夾在牠背上的鐵夾瞬間掉落。原本用來夾腳的陷阱只夾到背部的毛，由於縫隙太大，一下子就鬆動滑落了。

多米諾重獲自由。萬一被夾到的是腳，牠就無處可逃了。

不過，對多米諾來說，這樣的危機是日常生活的一部分。多米諾若無其事地跑離現場，在森林風的吹拂下，牠的鼻子又重新甦醒過來。牠再度逆著風，踏上傍晚的狩獵之旅。

假如是內心脆弱的狐狸，或許會再度被祕藥的魔力蠱惑，終究無法避免斷送性命吧。不過多米諾經過這一次玩命的遊戲，便體認到祕藥的可怕。從此以後，多米諾只要一聞到祕藥的氣味，就會想起藏在無數快感與恍惚之中的鐵夾陷阱。

薊花蜜

狐狸依舊三不五時造訪班頓家的畜舍，偷走兔子或雞等小動物。班頓家的兩個兒子再怎麼想方設法，還是無法阻止狐害，最後只好由經驗老道的爸爸出馬了。

每次班頓爸爸說：「我年輕的時候啊……」後面總是接到：「對付狐狸根本就易如反掌。」因此，作為一個陷阱獵人，他這一回總算要大顯身手了，不逮個一兩隻狐狸回來根本就說不過去。

但陷阱可不能設在農場附近，那樣一來不僅雞會落入陷阱裡，連

貓、狗甚至是豬都有可能慘遭波及。專業的陷阱獵人一般都是到遙遠的森林裡設置陷阱的。當然，他的兒子之前都是這麼做的，身為爸爸的他自然也會這麼做，於是一切便從巡視兒子們在遙遠森林裡設置的捕獸器開始。

班頓爸爸看了一眼兒子們設置的捕獸器後，立刻大幅調整設置的方式。假如多米諾事先就知道他如何調整的話，應該會決定避開班頓家的農場或附近的森林（對人類很遙遠，但對多米諾來說算是附近的森林）吧。

首先，班頓爸爸用刺柏的煙將所有捕獸器都燻過一遍，除去鐵的氣味，接下來又除去祕藥的氣味。為什麼這麼做呢？班頓爸爸是這麼說的：

「因為這種藥只有某些時候才有效啊。但是呢，愚笨的狐狸會立刻中計，聰明的狐狸卻會看穿祕藥的真面目，到時候祕藥反而成了一種標記，讓牠知道有危險的陷阱。」

班頓爸爸說，與其使用來路不明的藥，不如使用新鮮的雞血，那才是在任何時候，都能百分之百吸引所有狐狸的好貨。他從那些已被人類足跡或祕藥氣味汙染的地方撤掉陷阱，因為狐狸早就對那些氣味瞭若指掌。接著他將陷阱移到新的地點，再用沙子掩蓋起來。

設好陷阱後，他在兩側距離約五呎（一點五公尺）的地方撒了幾塊雞肉，再用刺柏樹枝掃過地面，把人類的腳印等痕跡清得一乾二淨。最後，他再次設下捕獸器，再用沙子掩蓋起來。

兩、三天後，多米諾從附近經過。在距離誘餌二百碼（一百八十二公尺）的地方，多米諾的鼻子嗅聞到了誘餌散發出來的氣味，並在氣味的勾引下逐步靠近誘餌。多米諾憑著從過往經驗中累積出來的警覺心，小心翼翼地緩慢前進，愈靠近誘餌，身體也壓得愈低。牠撐大鼻孔，盡可能放大所有感覺，然後從下風處往前靠近。牠清楚分辨出雞的氣味。沒有鐵或人類足跡的氣味。但，有一點煙的刺鼻氣味。會製造煙味的只有人類而已。

現場有班頓爸爸撒在地上的雞碎肉。聞到那氣味的多米諾憑著煙

味判斷，應是獵人撒在那裡的，於是決定避開。

過沒多久，風向改變了，風中再次傳來誘餌的氣味。這一回完全沒有煙味，風只帶來了香噴噴的雞肉氣味。多米諾往前走了三步。

如果野生動物有守護神的話，祂現在應該很擔心多米諾才對。多米諾用鼻子捕捉到空氣的氣味，仔細研究了一番。沒有人類的氣味。現在只有牠所渴望的食物氣味。至今為止，牠已有數十次在幸福的夜裡將那氣味吞入口中的經驗。此外，牠也經常將那氣味帶回巢穴裡。

就在這時，空氣中再度飄散起煙味。多米諾聽從內心的警告，緩緩將身體往側面轉回去，然後慢慢地、輕輕地放下美麗的腳，牠不踩在凹凸不平，或散落著碎肉的地面，而是踩在乾淨、安全的地面，準備掉頭離去。然而，突然耳邊響起一聲「喀嚓！」多米諾被困住了。

這一次被捕獸器夾住的不是背，而是腳。儘管捕獸器彈簧並非十分有力，但要從腳上甩開也不是一件容易的事。

多米諾現在被陷阱夾住的，是牠全身上下最重要的腳。牠又跳又扯，但被鎖鏈繫住的鐵製捕獸器始終不肯放開牠的腳。多米諾一口咬上嵌在腳上那可恨的陷阱，然後一咬再咬。

但牙齒根本敵不過捕獸器，只會讓捕獸器的鋸齒更陷入肉裡而已。多米諾愈是掙扎，鋸齒陷得愈深，牠不禁發出痛苦的呻吟。時間在絕望之中流逝，一小時過去了，兩小時過去了。與陷阱對抗得愈久，牠的身體就愈虛弱。

多米諾在喘息與掙扎中度過了一天。之後牠稍微恢復體力，開始對陷阱發脾氣，啃咬那文風不動的捕獸器，啃咬生長在附近、嘴巴搆得到的小樹，把它撕咬得七零八落，或是像剛被捕獸器夾住時那樣又跳又扯。牠也曾期待有誰會經過，但顯然來了也無濟於事。牠一會兒好想死，一會兒又不想死，然後又冒出想死的念頭，就這樣反覆煎熬著。

時間一分一秒過去，多米諾火紅的眼睛裡露出了倦意，接著逐漸失去意識，感到天昏地暗，最後甚至產生了儘管微弱卻無法忽視的，瀕臨死亡的恐懼。

噢，野生動物的守護神啊！

為什麼牠非得嚐到這樣的痛苦呢？

為什麼牠非得一點一點慢慢地死去呢？

成千上萬的狐狸都面臨著這樣的命運。既然同樣都是一死，那麼突如其來的死亡，至少是身為野生動物與生俱來的權利。

漫漫長夜就這樣一分一秒地過去了。

隔天一早天剛亮，多米諾聽見了腳步聲。

那腳步同時帶來了恐懼與希望。會是人類嗎？還是多米諾的另一半？如果是雪茸的話，或許還幫得上一點忙吧。至少雪茸會陪伴在牠身邊。

但經過長時間折磨，一身汙泥的多米諾早已吃盡苦頭，只能趴在地上伸長身子，好不容易才能抬起那顆包裹著一層美麗毛皮、原本充滿光澤的頭。此刻映入牠眼簾的不是人類，也不是雪茸，而是神出鬼沒的恐怖敵人：白斑小鹿的媽媽。

多米諾像死了一樣動也不動，只是一心祈禱鹿媽媽不會注意到牠，但鹿的眼睛與鼻子幾乎跟狐狸一樣敏銳。只見鹿媽媽身體一個轉向，鼻子便朝這嗅了過來，頸部的鬃毛豎了起來，全身的毛豎了起來，接著屁股的毛也豎了起來，眼睛裡頭閃爍著邪惡極光般的綠色光芒。

同一時間，鹿媽媽已經朝多米諾衝了過來。多米諾拖著捕獸器的鏈子往旁邊一跳，在鏈子拉到緊繃的時候猛地停下，狼狽地摔倒在地。鹿媽媽似乎知道多米諾被困住了。面對眼前的強敵，多米諾已陷入走投無路的絕境。此時此刻，鹿媽媽腦海中只有一個念頭，就是用牠的蹄子將多米諾踩得粉身碎骨。

勝券在握的鹿媽媽感覺自己勇氣百倍，趁勢一個飛踢，朝著多米諾伸出前腳的蹄子。那是鹿在踩死毒蛇時使用的攻擊方式。在體重與

速度的作用下，蹄子的尖端筆直刺向多米諾的身體。

然而，蹄尖刺到的不是多米諾的身體，而是捕獸器的彈簧。多米諾往後一跳，隨即鬆脫夾在腳上的捕獸器，牠又重新恢復自由了。

多米諾使盡剩餘的力氣往柵欄狂奔。牠穿過柵欄的縫隙，鑽到另一邊去。殺人魔以猛烈的攻勢迅速逼近，但柵欄對鹿來講太高了。多米諾筋疲力盡，欲振乏力。不過對重獲自由的牠來說，越過較低的柵欄再繞一段路，保護自己不受鹿媽媽攻擊，並不是一件困難的事，因為牠只需要鑽到柵欄對面就行了。

感到不安的小鹿發出尖銳的哀鳴，聲聲呼喚著鹿媽媽。多米諾慢慢地拖著腳走回巢穴。

點醒愚蠢之人需要許多教訓，聰明的人只要一次教訓就夠了。兩次教訓則開啟了多米諾的未來。多米諾在牠有生之年，都遠遠地避開鐵與人類的氣味。

不僅如此，多米諾還明白了，所有新的氣味、陌生的氣味都是敵人。牠把那些視為不祥之兆，心懷畏懼，並盡可能避而遠之。

夏天的生活與溫柔的女孩

多米諾在初夏的某段時期，始終拖著腳走路。因此，在山丘下的房舍中，牠總挑選離森林最近、位置最高的農家，去那附近尋找食物。

那戶農家建造年代久遠，果園與農場都很老舊，四處草木叢生，因此成了狐狸最喜歡的藏身地點，而且果園與農場的範圍都擴及森林附近，無論要到農家的哪個地方，多米諾都可以避開人類的視線前往。

多米諾四處嗅聞氣味尋找食物，發現可疑的東西就仔細檢查一番。牠鑽進柵欄旁給雞走的路，經過田邊茂盛的細長旋花前，一腳踏入紅醋栗與黑莓樹叢裡。

多米諾在樹叢間小心翼翼地向前走，走著走著，發現在一堆雜草莖葉密布的另一頭，有什麼東西看起來非常小，還閃著黑色的光芒。

那究竟是什麼呢？多米諾屏住呼吸，凝神細看，漸漸地牠看出來了。那是火雞的眼睛，牠正坐在地面上的巢裡。

狐狸尾巴上側的根部附近，有一處毛比周圍的還硬。通常那些毛的顏色也比周圍的更黑更深，因此一眼就能辨別出來。在那裡有一種叫**尾腺**的構造，它會分泌出特殊的氣味。

不過由於多米諾是銀狐，身上的毛色本來就偏黑，因此僅用眼睛並無法分辨出尾腺的位置。但牠跟其他狐狸一樣也有尾腺。這種腺不僅會分泌氣味，亢奮的時候，該部分的毛還會豎起來。

多米諾發現火雞的當下，立刻停止動作，連眼睛也不敢眨一下。但多米諾豎起了尾腺的毛，可見牠對這新奇的發現有多高興。

多米諾心想，「好啊，我要怎麼樣來抓這隻火雞呢？」就在這時，身後傳來一個女孩的聲音。

「哇，這不是小狐狸嗎！」

接著又有些語帶指責地說：

「你該不會正準備對火雞做什麼不該做的事吧？真是個壞孩子啊。」

多米諾無法理解女孩在說什麼，但她身上並未散發出危險的氣息。於是，多米諾轉身面向女孩，默不作聲地站著，然後歪了歪頭，目不轉睛地盯著對方看。

女孩緩緩靠近多米諾，彎下腰來哼著歌。多米諾向後退了幾步，閃躲到一旁去。女孩一副想要撫摸多米諾的樣子，但身在人類住家附近，讓多米諾格外謹慎。

女孩從籃子裡掏出東西，輕輕丟向多米諾。多米諾一聞味道就知道那是美味的食物。於是，牠用嘴巴銜起食物，靜靜地，像一陣風似地跑離現場。

那天晚上，女孩向爸爸提問：

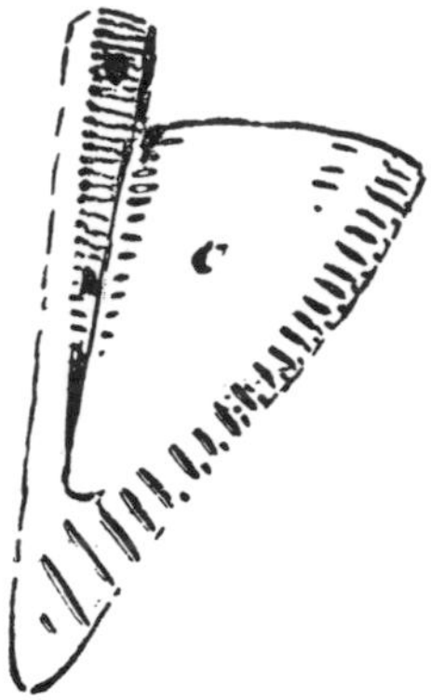

「爸爸，如果有一隻火雞在森林裡頭孵蛋，有什麼安全的方法可以不讓狐狸靠近牠呢？」

爸爸答道：

「如果是我，我會在火雞的巢附近放幾塊廢鐵，這樣狐狸就不會靠近牠了。」

女孩聽了，立刻帶著斷掉的鎖鏈、壞掉的鋤頭刀刃和馬蹄鐵，分別象徵友情（鎖鏈）、孕育生命（鋤頭刀刃）和幸運（馬蹄鐵），置放在火雞巢的周圍。

幾天之後，多米諾為了抓火雞來到巢的附近。當然，這是多米諾打的如意算盤。對於人類，牠並沒有任何試圖傷害彼此友情的念頭。不僅多米諾如此，基本上所有狐狸都只是在進行自己該做的工作而已。

但在火雞注意到多米諾靠近前，多米諾的鼻子與眼睛已經先發出警告：有鐵的氣味。多米諾往後倒退，遠離火雞巢，繞到對面以後，再次靠近火雞巢。但那裡也出現了危險的訊號，多米諾的謹慎低聲警告自己：「回去吧。」

就這樣，多米諾沒抓到火雞就打道回府了。女孩並不知道這件事。

但隔天女孩的爸爸說：

「今天早上，葫蘆棚前出現了新的狐狸腳印喔，不過火雞還是活得好好的。」

多米諾確實因為那些保護火雞的工具而就此作罷。取而代之地，牠拿走了其他東西。牠找到一隻正在孵蛋的雞，躡手躡腳地靠近以後，一口咬住雞脖子，讓雞連叫出聲的機會都沒有。

在叼走雞的路上，多米諾心想，把雞蛋就這樣留在那裡，未免太可惜了。於是牠把雞叼進森林，藏在落葉底下後，又回到雞窩去。接著牠將雞蛋一顆一顆藏到其他地方，並在儲藏處沾上尾腺的分泌物作為記號。

這樣一來，當多米諾需要食物時，就隨時都找得到了，而且其他狐狸也會知道那些儲藏物是其他狐狸的東西。然後多米諾將雞從落葉下取出，帶回巢穴去。

儲藏起來的雞蛋在需要之前，可能會產生變化，但真正要到雞蛋腐壞，需要很長一段時間。在那之前，多米諾因為有食物庫存，所以很安心。

況且真正需要食物的時候，就算食物稍微腐壞也沒關係。

多米諾在其他地方還有幾個儲藏庫，不過也有不儲藏食物的狐狸，那些狐狸恐怕是因為不擅長獵食，所以根本沒有多餘的食物可以儲藏吧。

只有真正有本事的狐狸，才有機會活用與鍛鍊儲藏食物的本能。

一個月後的某個秋日，多米諾出門獵食，發現一株長滿玫瑰果的樹。空氣中飄散著令人垂涎欲滴的香氣。多米諾摘下兩、三顆玫瑰果來嚐嚐看，發現沒有想象中好吃，大概是因為牠已經吃飽的關係吧。

即使如此，多米諾還是跳了起來，撥下成串的玫瑰果。一開始牠只是撥好玩的，但隨著掉下來的果實愈來愈多，牠開始發揮天生的儲藏本能。多米諾把果實埋在落葉底下，然後在附近的樹幹上沾上尾腺的分泌物。

需要食物的時候，多米諾真的找得到自己儲藏的果物嗎？到時候地上應該都是積雪，但是有氣味作為記號，多米諾依舊能隔著雪層，探測到記號的氣味吧。

多米諾的孩子們

整個夏天，多米諾被捕獸器夾傷的腳尚未痊癒，無法疾速奔馳。幸好，多米諾的敵人，獵犬海克拉的腳也受傷了，牠也無法自由行動。多米諾把心思全用在為家人獵食上。大自然對牠非常地關照，生活周遭有大量的獵物，多米諾每天都能帶著活生生的獵物返回巢穴。

說起來，多米諾曾經帶一隻牠抓到的青蛙回去，結果孩子們追著青蛙東跑西竄，全速奔馳，好不容易才逮到青蛙。

又有一回，多米諾帶了一隻田鼠回去。田鼠鑽進落葉底下四處逃竄，小狐狸們也追上前去，從葉子上面咬下去，一咬再咬，直到順利捉住田鼠為止，嘴邊也沾滿了落葉與沙土。

然而，當多米諾帶回其他種類的獵物時，小狐狸們又有不同的反應，那是一種非常有趣的訓練。

有一天，多米諾沿著被濃霧包圍的休邦河畔行走，走著走著，牠突然在濃霧中發現一隻非常巨大的**麝鼠**。麝鼠當著多米諾的面潛入水中，不久後浮出水面，爬上浮木，俐落地撬開牠撈到的雙殼貝，大快朵頤一番。

牠先用黃色的大門齒（門牙）削掉貝殼的殼頂，再打開來吃裡頭的肉。麝鼠的門齒強而有力，咬碎殼頂時還發出響亮的聲音。接下來，牠又陸續打開幾顆貝殼來吃。那隻麝鼠恐怕直到被咬住脖子、騰空飛起之前，都沒注意到多米諾正躡手躡腳地靠近牠吧。

麝鼠被多米諾叼在嘴裡，並隨著牠奔馳的步伐，展開了一場出乎意料的騰空之旅。二十分鐘之後，牠們抵達了狐狸的巢穴前方。

巢穴裡的小狐狸早已熟知老鼠的吱吱叫聲，因此立刻蹦蹦跳跳地衝出巢穴，然後當著多米諾的面又是跳躍又是打滾。多米諾在一群小

狐狸的包圍下，放下口中的鼩鼠。孩子們爭先恐後地衝向鼩鼠，但即便對方是隻老鼠，也是隻巨大、難纏又強壯的鼩鼠，而且還打算背水一戰。只見鼩鼠呲牙裂嘴地猛烈反擊，對著小狐狸一陣拳打腳踢。

小狐狸似乎很快就意識到眼前的鼩鼠並不好對付。牠們只能像團團包圍大熊的獵犬一樣，圍繞在鼩鼠周圍東閃西躲。一隻衝上前的小狐狸被打倒了，接著另一隻也被打倒了。小狐狸慘痛哀號著，大概是被那強而有力的門齒給咬了一口吧。然而，其中一隻小狐狸從頭到尾都沒有逃跑，接連三次與鼩鼠正面對決，儘管每一次都受傷，卻絲毫不打算認輸。那隻小狐狸的體型比鼩鼠還小，在兄弟姊妹之中也是最瘦小的一隻。牠身上大概流著勇士的血脈吧。

其他小狐狸都站在那隻勇敢的小狐狸與鼩鼠四周圍觀，牠們正打得你死我活。小狐狸顯然正依循著本能，試圖攻擊鼩鼠的致命要害。牠稍微移動身體的位置，一找到機會就撲向敵人胸口，咬住對方的喉嚨，並且緊咬著不放，直到敵人完全斷氣為止。接下來就是兄弟姊妹共享大餐的時刻了。

從頭到尾狐狸爸爸與狐狸媽媽只是在一旁觀看。父母不出手幫忙孩子是出於什麼樣的心態呢？

理由大概就跟我們人類父母放手讓孩子自行探索的道理一樣吧，人類的父母也會刻意讓孩子去做大人做起來很簡單的事情。

與麝鼠交手到最後一刻的小狐狸並不是最大的狐狸，卻是毛色最黑的小狐狸。那孩子長大以後大概會跟狐狸爸爸一樣俊美吧。至於實際上究竟變成什麼模樣，有興趣的人不妨去翻閱休邦河上游地區的編年史。

隨著雷月（七月）過去，小狐狸也一天一天地長大，其中幾隻變

得跟雪茸差不多高了。小狐狸陸續學習自力更生。首先是最大的公狐狸，接著是母狐狸，牠們離開從小到大生長的巢穴，大多數從此再也沒有回來，各自過著獨來獨往的生活，即使偶然遇見也變得相當陌生。

當豐收月（九月）的紅色月亮高掛空中時，所有的小狐狸都離巢獨立了。

到最後，山楊樹林的巢穴附近只剩下多米諾與雪茸。多米諾與雪茸會一起生活幾天，接著各自生活幾天，然後又一起生活幾天，反覆這樣的循環。即使有幾天不在巢穴，之後也一定會回來，而且隨時都準備好互相幫助。

換句話說，牠們之間即使沒有文字約定，仍舊有一套自然法則般的約束存在。

永結同心——摘自原書的書名頁

「永結同心」是多米諾與雪茸的密語。

或許父母與孩子總有一天會分開吧。不，分開是親子之間的定律，可是夫妻會白頭偕老。

進入初秋以後，多米諾的腳已經完全康復，可以自由活動了。多米諾再次成為馳騁於戈爾達山麓丘陵的飛毛腿狐狸，一個獵物逃到天涯海角都逃不過牠手掌心的追擊高手，同時也恢復了無論獵人怎麼追捕都能順利擺脫的自信。

不，事實上應該是超級自信。多米諾甚至被獵人追捕，也能從容享受其中的樂趣。現在的多米諾可說是處於狐狸生命中的最佳狀態，其中牠最自豪的就是奔跑的速度。所有住在丘陵地的狐狸，應該可以說沒有一隻追得上多米諾吧。如果再算上腳步慢吞吞的狗，根本沒有半隻是多米諾必須害怕的對手。

多米諾的肺幾乎可說是強壯到沒有極限。同樣地，無論跑再遠的路，多米諾的腳也都不會累。疾速馳騁令多米諾感到喜悅。唯有跑得快的人，才會熱愛賽跑。這道理就等同於技術高超的航行者（在拓荒地河川旅行的人）熱愛乘著獨木舟，征服危險至極的險要湍流。如此看來，多米諾喜歡上被獵人追逐的感覺，也不是什麼奇怪的事。

或許守護多米諾的天使早已預料到，總有一天多米諾會再遇到宿敵海克拉，並與對方搏命奮戰，所以才默默引領牠愛惜自己的強壯與速度吧。

第三部

克服痛苦的日子

黑雁的季節

除了春天之外，長頸的加拿大黑雁每到秋天都會再次飛來，成群造訪戈爾達的丘陵地。黑雁不會長期居住在這個地區，而是在遷徙途中短暫停留而已，但每當黑雁造訪，獵人一定會興奮不已地聚集在黑雁生活的河川或湖泊附近。

多米諾也非常興奮，因為狐狸的本能告訴牠，黑雁是牠們能夠抓到的最大獵物。事實上，牠曾經抓過一隻剛死的黑雁，這證明了黑雁的確是狐狸能夠抓到的最大獵物。那隻黑雁被獵人的槍射中，身負重

傷，雖然一度脫逃，最後仍然氣力用盡，掉進沼澤裡一命嗚呼。多米諾把那隻黑雁完整地帶回去，與雪茸共同享用了豪華的一餐。

黑雁通常都在湖泊或沼澤覓食，但在這個地區，牠們也會長時間停留在農場上，花費差不多長的時間在那裡覓食。因此，多米諾曾不只一次試圖悄悄接近降落在農場上的黑雁群，但黑雁的視力與謹慎程度遠遠超出牠的預料。

無論牠的動作再輕緩，或身體壓得再低，低到幾乎看不見的程度，黑雁都有辦法發現多米諾，然後向同伴發出巨大的警告聲，同時振翅齊飛。多米諾甚至覺得，這樣跟試圖接近浮游在毫無藏身之處的廣大湖泊上的黑雁根本沒有兩樣。

狐狸知道如何正大光明地慢慢靠近並捕捉那些降落在地面上的鳥，或是窩在地上休息時依然非常謹慎的兔子。除此之外，牠們也知道如兩隻狐狸如何齊心協力捕捉獵物，也就是其中一隻狐狸負責埋伏獵物（白靴兔），再把獵物追趕到另一隻狐狸的方向。

有一次，多米諾把這兩種方法組合在一起，想了一個新的狩獵計畫，實際上牠也順利抓到黑雁了，但多米諾並不是先在腦海中建立計畫後，才出發去獵捕黑雁的，牠是在追逐黑雁的過程中想到其中一部分的方法，執行之後又想到另一部分，最後終於成功逮到獵物，像這樣一邊思考一邊執行就是牠的新計畫。

某個秋日，一群黑雁降落在休邦河岸剛收割完的大片農場上，撿

拾著田裡的落穗。

那天，多米諾與雪茸一起行動。兩隻狐狸沿著河岸行走，小心翼翼地不讓黑雁發現牠們的身影，接著躲進樹叢間，偷偷靠近那些黑雁。那裡有很多群黑雁，但每一群黑雁都停留在視野良好的平坦農場上，而且至少都有一隻黑雁伸長著脖子監視四周，一旦發現到任何危險就會大聲鳴叫通知其他伙伴。如此一來，黑雁群恐怕會一起振翅飛走。

於是，兩隻狐狸便根據牠們以往反覆使用的狩獵策略，設計出新的狩獵方法並付諸實踐。至於牠們究竟是如何共同執行一個策略，又是如何互相商量的，答案沒有人知道。

首先，多米諾躲在樹叢中小心翼翼地前進，不讓在農場各個角落撿拾落穗的黑雁群發現。接下來，牠躲進距離黑雁群最近的樹叢

「被牠溜掉了！」

狐狸的狩獵——「有味道……」

裡。於此同時，雪茸則朝樹叢的反方向走，繞過農場前往離黑雁群較遠的另一邊，然後故意走到農場上，大剌剌地讓黑雁看見自己。

牠一會兒在地上打滾，一會兒拉長身子，全身曝光在黑雁面前，淨擺出一些奇怪的動作，還不停地搖著那毛茸茸的尾巴。所有黑雁都轉過身來，嘴巴一致對著雪茸，表情似乎在說著，那隻狐狸究竟為什麼要做出這麼怪裡怪氣的動作？真不可思議。

雪茸並未停止奇怪的身體動作和搖擺尾巴的姿勢。黑雁似乎覺得，這隻狐狸雖然很奇怪，卻不需要擔心，而且又距離牠們很遠，所以沒有必要感到害怕。況且，黑雁顯然被激起了強烈的好奇心，各個都目不轉睛地盯著雪茸看。這時，雪茸配合翻滾的動作，朝黑雁群靠近了一點。隨著牠每次大幅度變換動作，就離黑

雁群更近一些。

漸漸地，其中一隻經驗豐富、防備心強的黑雁開始懷疑，這隻狐狸是不是打算慢慢靠過來，然後突然飛撲上來抓走我們的同伴呢？

但經驗豐富的黑雁並未發出警告的鳴叫聲，因為狐狸離牠們很遠，還不到需要警告的距離。相反的，牠往後退了幾步，拉開與雪茸之間的距離。其他黑雁見狀，也採取了相同的行動。事實上，牠們每一隻都是經驗豐富的黑雁一族。

奇怪的狐狸已經持續擺出奇怪的動作很長一段時間了。那些動作真的很奇怪，就像被風吹倒成一片的乾草，或四處滾來滾去的乾枯風滾草，會讓每一個看到的人都忍俊不禁。

但經驗豐富的黑雁早已繃緊神經，牠們可不會就這樣受騙上當。於是，每當奇怪的狐狸千方百計往這裡靠近時，黑雁就會再退後幾步，重新拉開距離。

奇怪的狐狸與黑雁就這樣你來我往了數十分鐘。黑雁一邊在收割後的廣大農場上撿拾落穗，一邊往農場的邊緣靠近。經驗豐富的黑雁心想，差不多是時候飛去其他地方了。

但稍微再待一下也沒關係吧，於是黑雁又朝著農場邊緣的樹叢走了幾步。就在這時，多米諾跳出樹叢，用比老鷹還快的速度飛奔上前，趁著經驗豐富的黑雁起跑準備高飛前，一把抓住牠細長的脖子。

就這樣，雪茸與多米諾嘗到了作為獵人最為滿足的滋味。經過反覆的嚴格考究，再適時運用智慧，最後成功地獵捕到珍貴的獵物。牠們不禁體驗到戰勝的喜悅，更享受到滿足狩獵本能後所換來的美味成果。

這場狩獵是雪茸與多米諾協力完成的狩獵活動之中，最精采的一役。狩獵的成功不僅換來珍貴的獵物，也讓牠們之間的關係更為親密。這兩隻狐狸為了追求更好的生活，往後應該會更加努力地拚搏。

狐狸伴侶之間原本就存在著高度的情感連結，雪茸與多米諾完美地展現出狐狸這種動物最佳的伴侶關係。

狐狸的儀式

繼落葉月（十月）之後到來的是發狂月（十一月），這是一個憂鬱而詭異的月份，狐狸會在這時採取反常的行動。一下子發作，接著又恢復正常。不僅狐狸如此，所有動物都處於精神異常的狀態。

隨著時間愈來愈接近滿月，多米諾也逐漸失去理智。

多米諾爬到山丘上坐下，高高揚起頭，嘴巴對著天空發出短促而尖銳的「呀噗、呀噗、呀啊——呀喔——」的聲音。

過了一會兒之後，雪茸也開始莫名其妙地想做些什麼，而且彼此都不太想靠近對方。

滿月之夜，多米諾一發出「呀噗、呀噗、呀啊—呀喔—」的叫聲，就有其他狐狸從遙遠的地方給予回應。

多米諾悄悄離開雪茸身邊，小跑步前往聲音傳來的方向，最後爬上了戈爾達山麓丘陵中最高的山丘。皎潔的滿月照亮整片只長著矮草的遼闊丘頂。

多米諾沒有走向寬闊明亮的地方，而是躲在陰影中觀察周圍。一會兒之後，四周的樹叢或大石頭旁逐漸出現其他狐狸的身影。一

Ernest Thompson Seton

隻狐狸悄悄經過多米諾身邊，前進二十步左右以後停在原地。那是雪茸。其他身影挺起身子，也小心翼翼地邁開步伐。狐狸們坐了下來，一聲不吭地彼此對望著。

過了一會兒之後，多米諾發出低沉的吼聲，「嘁——啊、啊」，然後舉起尾巴開始在草地上繞圈。另一隻跟在牠身後，兩隻狐狸一圈一圈地跑著。接著又有幾隻加入牠們的行列。

所有狐狸都叫著「嘁——啊、啊」，將激烈的情緒一口氣宣洩出來。

這些狐狸不只一次進行了同樣的儀式。過程中，多米諾與雪茸彷彿互不相識的陌生面孔一樣。

隨著月亮西沉，狐狸激烈的情緒也消失了，大家各自回到原來的地方去。牠們並不是齊心協力完成了某件事，不過卻得以藉此機會與大家見面相聚。

狐狸腦海裡想著的不是愛，也不是食物，不是孩子，更不是戰鬥。

狐狸在相聚之中發現喜悅。

我們人類社會也以更進步的形式，在相聚之中發現喜悅，並留下許多紀錄。

殺死綿羊的兇手

身為野生的獵人，冬天的生活對動物來說絕不比其他時候輕鬆，這時儲藏食物的習性便派上用場了。多米諾與雪茸在這個食物短缺的時期，因為有事先儲藏的食物，所以才得以維生。好一段日子以來儲藏的水果或魚肉，雖然稱不上是精挑細選過的上等美食，但在冬天來說已經算相當不錯了。

愛的時節過去，春天即將到來的某一天，多米諾在翻越數座山丘返回巢穴的途中，無意間目睹了令人震驚的犯罪現場。

多米諾早已成長為一隻聰明的狐狸。聰明的狐狸在爬上山丘，準備跨越稜線時，都會在抵達稜線前先停下腳步，靜靜觀察山丘另一邊的情況。否則一旦被敵人或獵物看見身影的話，對方就會提高警戒。

山丘的另一邊是一座被柵欄圍起來的綿羊牧場。多米諾緩緩抬起頭後，眼睛裡看見的是一群綿羊正在柵欄內的草地上瘋狂逃竄，一隻巨大的深灰色獵犬追在後頭。多米諾一看就知道，那隻獵犬正是牠恨之入骨的海克拉。

有兩、三隻綿羊躺在地上痛苦打滾，也有的已經斷氣了。接著海克拉又在多米諾眼前不遠處殺死另一隻綿羊，牠先咬住綿羊的喉嚨，拽倒在地，再開腸剖肚，鮮血直噴而出。然後牠又咬住下一隻綿羊、下下一隻綿羊，接二連三地痛下毒手。

多米諾出於好奇而非恐懼，一動也不動地待在原地觀看這一切。就在海克拉正準備攻擊下一隻綿羊時，現場傳來一聲來福槍響，海克拉頭頂上方一塊平坦的岩石被子彈擊中。

有人能夠辯稱狗沒有良心嗎？就算那隻狗在犯罪現場胡作非為，能說牠是因為不懂得何謂犯罪而這樣做的嗎？

但渾身沾滿綿羊血的懦夫海克拉，心裡非常清楚自己幹了什麼好事。海克拉跳進乾涸的小河後方，一溜煙地逃跑了，從頭到尾沒人看到牠的身影。也因此，海克拉的主人並未因為海克拉殺死綿羊而遭人問罪。然而，當多米諾聽見槍聲，從牧場逃跑時，卻被人看見了身影。

牧羊人來到現場後，發現有十二隻綿羊被殺死了，卻沒看見任何狗腳印。當然他看不到，因為當一大群綿羊驚慌失措地四處逃竄時，早就把狗腳印給踏平了。現場沒留下任何證據。除了綿羊在眼前被殺死，而狐狸逃跑了，沒有其他任何證據顯示殺害綿羊的兇手另有其人。

在這次的事件之前，也有很多隻綿羊遭到殺害。一個牧羊人對同伴說：「我們要報仇，殺光所有狐狸！」並制定獵狐計畫，號召眾人群起響應。剛開始的時候幾乎沒有人贊同，但進入三月以後，連剛出生的小綿羊寶寶都慘遭毒手，於是情勢瞬間大變。

雖然當中也有人聲稱在綿羊被殺害的地方看到巨大的狗腳印，

犯人有可能是狗，但大部分人都篤定犯人是狐狸，而且還堅信就是銀狐幹。當然，也有很多牧羊人抱著好玩的心態，認為真兇是誰都無所謂，反正只要是銀狐就有追捕的價值。

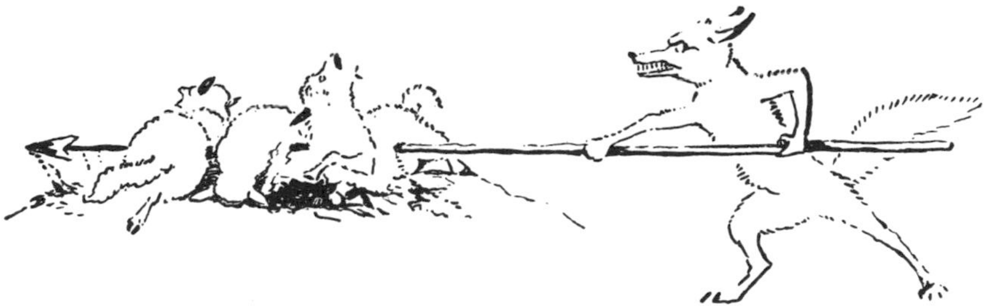

雪茸的專屬騎士

The Awakening Moon

休邦河上游地區的所有居民都迫不及待、興致勃勃地動了起來，因為大規模的**獵狐**準備工作開始了。獵狐隊的主要成員是有小綿羊遭到殺害的牧羊人。總而言之，大家都卯起勁來想要殺死銀狐。

男孩都抱著參加慶典的心情加入，但所有參加獵狐隊的人，其實內心都在打一個如意算盤，就是取得最高級的**銀色毛皮**。當然，也有些人表現出一副信心十足的樣子。

「我早就想好要是抓到那傢伙，就用那筆錢去買些好東西。」其中一人這麼說。

「如果一整天這樣玩下來，還能抓到銀狐，把我欠的錢全還光的話，那真是再好不過了。」也有人這麼說。

「對我來說，銀狐的毛皮可以讓我換到一匹拉馬車的馬。」還有人這麼說。

眾人雖然各有各的說法，但他們想表達的都是「只有我才抓得到銀狐」。

朱克斯家沒有半個人加入獵狐隊，也沒有半隻小綿羊遭到殺害，而且他們跟組織獵狐隊的班頓家關係並不好。

亞伯納．朱克斯決定到其他地點狩獵。

事實上，亞伯納在追的是其他獵物，而亞伯納飼養的獵犬海克拉，當然也不可能加入宿敵班頓家組織的獵狐隊。

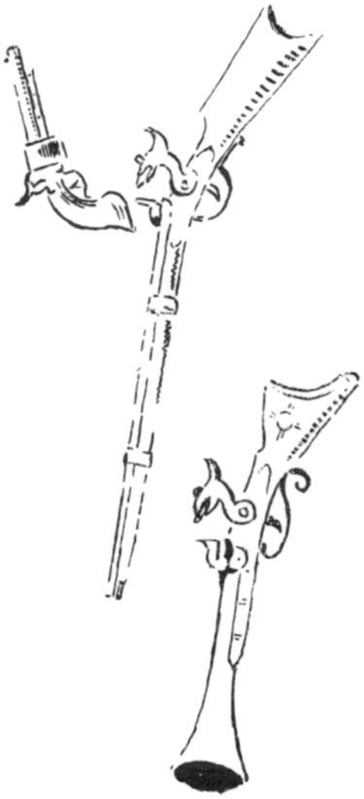

究竟洋基農民組成的獵狐隊是什麼樣子呢？如果你以為像英國貴族那樣的獵狐隊，那可就大錯特錯了。所有人手中都拿著類型不一的槍，他們的目的只有一個，就是盡可能在不傷到毛皮的前提下殺死狐狸。通常會有二十人左右的年輕人參加，獵犬只有三到四隻。事實上，休邦河上游地區在那年三月組成的獵狐隊，也差不多是這樣的型態。

據說在一般情況下，狐狸每年都會築新巢，但如果舊巢穴夠安靜又有美好回憶的話，狐狸也經常會重返舊巢穴。或許是因為雪茸與多米諾運用得當吧，山楊樹林的巢穴從來沒有被敵人發現過。因此，進入三月以後，牠們便開始重新整理受損的巢穴，好為新的育兒工作做準備。

既然要繼續以此處為據點，就必須如同往常一樣，不能做出任何引起敵人注意的事。兩隻狐狸無論是離開巢穴，或是返回巢穴時，都相當地小心翼翼，並且，牠們從來不在巢穴附近狩獵。

獵狐隊的獵犬發現雪茸足跡並吠叫出聲時，雪茸正在前往休邦河谷狩獵的路上。雪茸立刻大聲嚎叫，吸引獵犬的注意，接著不顧一切地拔腿狂奔，好引誘獵犬遠離巢穴。

獵狐隊的獵人各自打著如意算盤，讓追蹤狐狸的獵犬負責出擊，他們則負責找到視野最佳的位置，埋伏在狐狸可能會經過並且能清楚掌握四周狀況的地方，或是狹窄的山頂道路上等不錯的位置。由於獵犬在追逐狐狸時會吠叫，藉此可以推測出狐狸奔跑的路徑。狐狸

通常都會沿著自己的活動範圍周邊跑，所以只要耐心等待，總是會有逮到狐狸的時候。

從遠處傳來的獵犬「狩獵的歌聲」，正是在提示獵人「快去守在最佳的位置，預測狩獵的走勢，準備上膛開槍」的信號，於是獵人紛紛在最佳的地點各就各位。

聽見獵犬的吠叫聲愈來愈近，雪茸立刻意識到怎麼做才是最好的辦法。牠跨著大步盡全力衝往班頓河谷，因為人類不容易接近那裡。大量的樹木橫倒在河谷間，成為班頓河上一道道的圓木橋。雪茸跨過那些橋，來回穿梭在河的左右兩岸，持續往河谷深處前進。

這樣一來，獵犬在重重阻礙下，追擊的腳步會變慢吧。雪茸起初跑得很快，跑到腳底都變冷了。如果是在晴朗乾冷的天氣下，足跡的氣味很快就會消失，敵人也會難以追擊，但不巧的是，那天不僅積雪很深，還吹起暖風，害雪茸遲遲沒辦法甩掉獵犬。

不僅如此，雪融化後還變得黏答答的。融雪水流進班頓河後，聚流成危險的漩渦。雪茸被雪絆住腳，奔跑時不停地打滑。獵犬憑著雪茸清晰可聞的足跡氣味，毫不猶豫地追了上來，而且獵犬又大又長的腳更適合在雪上奔跑。

相較於一開始，雪茸奔跑的速度明顯變慢了，原先拉開的距離逐漸縮短。牠雖然選擇逃向班頓河谷以避開獵人，但從現況看來，牠遲早會無力躲避追捕。在太陽的照射下，雪變得愈來愈鬆軟，雪茸的尾巴也逐漸垂了下來。尾巴的高度可以反映出活力，尾巴下垂就是狐狸的危機。所有充滿活力的狐狸，都是抬高尾巴奔跑的。

一旦失去活力，尾巴就會下垂，尤其是潮濕的雪季，濕掉的尾巴加重後，下垂得更厲害。到最後，尾巴會拖地，這樣一來，尾巴的長毛將吸更多的水變得更重，生命將很快接近尾聲。心臟強壯的狐狸會活很久，心臟虛弱的則會失去性命。

雪茸平常雖然很有活力，但那天的雪特別濕又特別厚，而且牠再過幾天就要生產了。萬一失去活力的話，心臟顯然會承受不了。

雪茸打算從傾倒的細長樹幹上，跨過因融雪水而氾濫的班頓河。然而牠疲軟的腳一個打滑，瞬間就栽

入水勢湍急的河流中。儘管牠迅速爬上岸，卻還是全身濕透，身體變得更加沉重，愈來愈難以奔跑。牠甚至覺得已經沒有希望甩掉獵犬了。雪茸跳上高處，發出絕望的嚎叫聲。

此時，立刻有個聲音回應了雪茸。那是一道短促而尖銳的公狐狸叫聲。接著，強壯而勇敢的多米諾立刻像飛馳過雪上的黑色老鷹一樣衝了過來。

雪茸並沒有方法可以告訴多米諾，當前的狀況有多麼危急，但牠也不需要任何方法，因為多米諾早已察知一切了。多米諾採取了真正高尚的伴侶才會做的方法。牠沿著雪茸的足跡往回跑，正面迎擊追上前來的獵犬。

話雖如此，牠並不打算為了拯救雪茸而犧牲自己。多米諾充滿自信，牠要親自攔截所有追逐雪茸的獵犬，將牠們引到別的地方去。這樣一來，雪茸應該可以趁這段時間，返回安全又令人放心的巢穴，好好休息並且恢復體力。

備受考驗的強壯心臟

多米諾往回跑半哩左右後就知道，獵犬的隊伍離牠愈來愈近了——雙方距離只剩下不到三百碼（二百七十三公尺）。

多米諾快步向前跑，距離又變得更近了——只剩二百碼（一百八十二公尺）。

多米諾停下腳步不再前進，開始在原地來回踱步，接著又隨雪茸的足跡往回走，稍微遠離獵犬隊伍一些，但牠並沒有直接離開，而是再度停留在原地踱步。

為什麼要這麼做呢？因為牠想讓獵犬隊伍看見自己的身影，並確定所有的獵犬都改變心意來追牠！

當然，我們無從得知多米諾真的是否有想讓獵犬看到的念頭，但結果很明顯。

倒數一百碼（九十一公尺）、五十碼（四十五公尺），獵犬愈來愈靠近，多米諾與獵犬隊伍都瞧見了彼此的身影。

成群獵犬齊聲引吭高唱狩獵之歌，用最大的音量將發現獵物的消息傳達到遙遠的彼方去。埋伏在山丘上各個角落的獵人，肯定也感到興奮不已。獵犬隊伍立刻停止追蹤足跡，轉而衝向眼前的狐狸。多米諾跑了起來，很快就甩開獵犬，消失在牠們的視野裡。

追逐多米諾的成群獵犬找到多米諾的足跡，嗅聞牠的氣味，然後立刻就知道這隻跟原本在追的母狐狸不同，是一隻強壯的公狐狸。但

身為追逐獵物的獵犬，出於本能的判斷，也是直覺的判斷，牠們認為追逐剛才親眼看到的獵物才是正確的。

多米諾放慢奔跑的速度，想再次確認獵犬隊伍有沒有追上來。此時，看見多米諾身影的成群獵犬終於振奮起精神來了。牠們應該不會再回頭追逐雪茸的足跡了吧。

多米諾穿越沒有半棵樹的遼闊雪地，上面零星散落著幾處矮樹叢，而獵人就躲在裡面。獵人聽見獵犬發現多米諾後發出的吼叫，已興奮得按捺不住了。而且年輕的獵人都很熟悉這座山丘，他們早已躲藏在狐狸會經過的路上。

但野生動物是有同伴的。大自然總是關照著牠們，用某些方式鼓舞牠們，並對牠們伸出援手。我們沒有任何詞彙可以稱呼這個同伴，姑且稱其為「野生動物的天使」好了。「野生動物的天使」不會說話，但祂會守護一切，會用耳朵聽不見但無遠弗屆的聲音眷顧野生動物。

只有一次，多米諾面臨了危險：在獵犬緊緊相逼的追逐下，牠沒注意到風中夾帶的氣味，然後下一秒鐘，耳邊就傳來一聲巨大的槍響，牠瞬間感到一陣灼熱的刺痛感。一枚子彈擦過牠的側腹，雖然傷口不深，卻還是流血了。多米諾沒看見獵人的身影，不過牠也因此明白自己下一步該怎麼辦。

多米諾全身的感官細胞都甦醒了，牠打算傾聽感覺傳遞給牠的所有信號。「野生動物的天使」永遠都會溫暖地對待願意傾聽者。

多米諾現在該如何才能騙過獵犬，順利脫逃呢？路雖然有好幾條，但這時的牠第一次興起從這座山丘跑到另一座山丘的念頭。

多米諾聽從了內心的聲音。牠在山丘上跑了三哩（四點八公里）後，順著山丘往下跑，穿過雪地，來到一處鐵軌上。

多米諾已經跑了好一段距離，遠遠把敵人甩在後面。牠沿著鐵軌往前跑約六哩（九點六公里）後，在經過**轉轍器**約一哩（一點六公里）遠的地方，轉身面對來時的方向。然後站上鐵軌，再次回到轉轍器附近。接著牠走上分岔的軌道線，步行很長一段距離，確信自己完全甩掉獵犬後，便打道回巢。

疲憊的多米諾雖然身受槍傷，卻仍高舉著尾巴向前跑。牠是這場艱難戰鬥中的贏家。

多米諾一直線穿過休邦河上游地區的農場與山丘，抄捷徑返回巢穴。感覺到飢餓的多米諾，開始思考起自己要不要順便去森林裡儲藏食物的地方。然而就在那時，牠聽見了讓心臟幾乎要跳出來的恐怖聲音。

繞過矮小的山丘，往聲音來源的方向一看，一群獵犬正以銳不可擋之勢直衝而來，同時發出震耳欲聾的吠叫聲。眼見一整群獵犬狂奔而來，先前遇到的那些根本無法與之相比。那裡至少有三十隻獵犬，還有十二個獵人騎著馬跟在後面。從獵犬亢奮的叫聲一聽就知道，牠們是發現多米諾新的足跡才追到這裡來的。

假如多米諾不是處於疲憊負傷的狀態，再怎麼難纏的追擊牠都應

付得來，知道如何把敵人甩得遠遠的，獨自順利脫逃。但現在的多米諾剛從一場艱難的追擊中脫身，這樣的戰鬥對牠來說未免太不公平了！

多米諾被獵犬追擊長達數小時之久，不僅疲憊不堪，四肢疼痛，側腹的傷口還隱隱作痛，現在的牠正是需要休息的時候。但這一回的敵人是來自上層階級、以馬為坐騎的正牌狩獵家，也就是所謂的**運動家**。他們身上沒有獵槍，目的也不是為了取得毛皮，純粹是以追擊為樂的一群人。只是，即使多米諾還能跑，也已經感到疲倦，沒有多餘心力享受身為競速跑者的樂趣。這樣的多米諾，究竟誰還能夠狠心責怪牠呢？

況且多米諾對現在所在的這座山丘並不熟悉。牠已經離自己熟悉的活動範圍內的山丘很遙遠了。牠所熟悉的山丘上，有獵人坐鎮在牠可以穿越的要地，所以就算逃回熟悉的山丘，也只會再度遭到埋伏的獵犬追擊，淪為獵人來福槍口下的目標而已。

總之，現在牠與狩獵家之間準備展開的速度與智慧之戰，是多米諾生涯當中最不利也最艱困的競賽。

多米諾在山丘與山丘之間跑了好幾個小時，而且一直都保持著相當大的步伐。

太陽的照耀讓森林裡的雪呈現半融狀態，阻礙了牠的行動。大量融雪水流進小河裡。平日乾涸的渠道中，如今全是像冰一樣冷的水。河裡水流湍急，洶湧澎湃。融雪水讓表面結凍的雪變得像水池一樣。儘管多米諾毛茸茸的尾巴總是舉得高高的，顯現出牠擁有一顆強壯的心臟，但被濺起的水與泥土沾到以後，毛全都可憐地垂了下來。

多米諾知道自己可以讓獵犬累到無法繼續追擊，過去牠有好幾次這種甩掉獵犬的經驗。

但現在的多米諾，一心只希望溫柔的夜晚能盡快降臨。為什麼祈求夜晚降臨呢？恐怕牠自己也不知道確切的理由吧。夜晚溫度下降後會降霜，同時雪的表面會結一層堅硬的薄冰。多米諾能夠在結冰的雪表上快速奔跑，但獵犬卻要再花上數個小時。至少關於這件事情，多米諾是心知肚明的。對牠來說，夜晚就象徵著平安。

如今多米諾已經衝到山丘以外的地方了。強而有力的速度減退了一半。獵犬也追得上氣不接下氣。雪與融雪水對騎在馬上的狩獵家來說，也是一場艱難的折磨。幾乎所有狩獵家都在中途放棄追逐，目前只剩下兩個人，一個是那群獵犬的主人，另一個是高個子年輕人亞伯納・朱克斯。

而知道眼前正在追逐的正是戈爾達森林銀狐的人，只有亞伯納一人。

現在不管怎麼看，都是追逐的獵犬隊伍占上風。獵犬朝多米諾步步逼近，多米諾甚至沒有餘力使出沿著足跡倒退，再往旁邊一跳消失不見的招式。牠只能一直往前跑，那是最聰明且唯一可行的方法。

多米諾盡可能不顧一切地跨著大步向前跑，不過速度卻直線往下掉。牠忍耐著側腹的疼痛繼續往前跑，步伐也愈來愈小。

牠穿越過第一座農場，再穿越第二座農場，最後來到第三座農場的主屋。

此時，映入多米諾眼簾的，是一個提著籃子的小孩。

失去希望的野生動物為什麼會求助於擁有強大力量的人類呢？為什麼內心深處會有向世界上最危險的動物也就是人類，尋求協助的極端衝動呢？

多米諾突然衝向溫柔的女孩，俯趴在她腳邊。女孩抓起多米諾，不由分說地帶牠回家，並當著追來的獵犬面前砰地一聲關上門。

獵犬在房屋四周徘徊，激動地吠叫。多米諾就像被敵人追殺的騎士向教會求助一樣，把女孩的家視為保護牠生命的神聖場所。

兩名狩獵家騎著馬抵達後，女孩的父親出面應門。

狩獵家說：「狐狸是屬於我們的。剛才是我們和我們的狗將那隻狐狸追到你家裡的，所以我們和狗有權利要回那隻狐狸。」

女孩的父親說：「狐狸現在在我家，牠現

在已經屬於我了。」

但女孩的父親看狐狸滿身汙泥，全身上下髒兮兮的，根本沒注意到銀狐的珍貴價值，再加上他的雞也曾經被偷走，而且他也不想要與人起衝突，便回答狩獵家說：

「你們就進來我家把狐狸帶走吧。」

女孩聽見這句話後，立刻開口說：

「爸爸，你不能這麼做。絕對不行。這隻狐狸是我的朋友，我從很久很久以前就認識這隻狐狸了，所以爸爸沒有權利殺死牠！」

女孩的父親深感困擾，於是狩獵家提議道：

「既然如此，那就來一場公平競賽吧。我們讓狐狸從牠抵達你家時更好的起點出發，然後讓我們重新再追牠一次吧。」

女孩的父親說完便立刻躲回房裡，之後就再也沒有露面了。他很快就將狐狸向他們尋求保護的行為拋在腦後，但女孩的抗議聲卻不斷迴盪在他耳裡，縈繞不去。

「爸爸，你絕對不能這麼做，這隻狐狸是我的朋友。噢，爸爸，那些人要殺狐狸了啦。噢，爸爸、爸爸！」

女孩的嘆息聲像蠍子的螯一樣刺痛父親的心。然而感到痛心的，卻不只是女孩的父親而已。

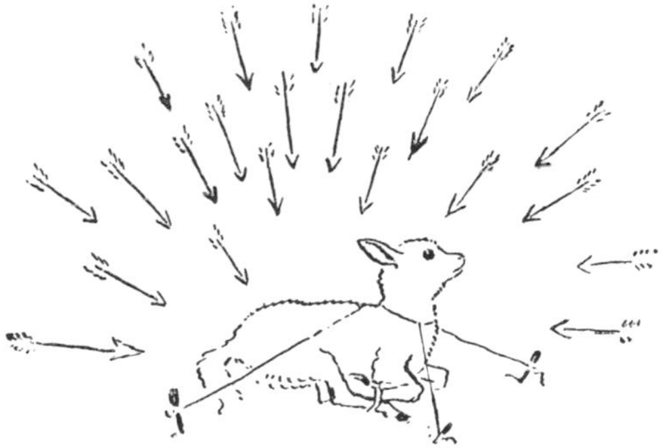

河川與夜晚

即使如此，狩獵家依然把狐狸從屋裡帶了出來，然後依規定讓狐狸先跑四分之一哩（四百公尺），等跑了四分之一哩後再開始追擊。

狩獵家所說的公平競賽就是這點程度而已。讓三十隻強壯魁武的獵犬與一隻筋疲力盡的狐狸賽跑，究竟哪裡算是公平競賽了？多米諾再次在河谷間濕黏的雪上奔跑，三十隻獵犬追在牠身後，伴隨著喧囂的吠叫聲迴盪在河谷間。

剛開始的一段時間，多米諾加快速度甩開獵犬，遠遠地跑在前頭。牠沿著班頓河長長的河谷往下跑，跑過山丘腳下，跨過山頂，再繞過戈爾達山麓的丘陵地，往來時路前進。當牠途經一戶農場的房舍時，一隻新的獵犬加入了追逐多米諾的行列。惹人厭的狩獵家說了幾句親切的話，一副真心歡迎新成員加入的模樣。

這是多米諾第三次面對新的跑者了。筋疲力盡的牠毫無勝算。多米諾要贏的話，只能祈求即將降臨的夜晚助他一臂之力，祈求夜晚為牠帶來寒冷的冰霜而已。如果降霜的話，雪的表面就會結一層薄冰，讓多米諾在上面跑起來更輕鬆。反觀體重有一定分量的獵犬，牠們的腳應該會踏破雪的表面，陷入雪中，跑起來困難重重吧。

然而，傍晚的風愈吹愈暖。終日受暖風吹拂的休邦河內溢滿了消融的雪水，水流十分湍急。

休邦河的水量幾乎快氾到河岸上，河裡碎裂的浮冰不斷被往西邊

推送。河面波濤洶湧，互相擦撞的浮冰持續發出恐怖的摩擦聲響。太陽在奔流不止的河川盡頭逐漸西沉。那是無比美麗而高貴的景象，可以說是相當於對高貴生命的禮讚、與生命終結最相襯的景象。

但獵犬隊伍與狩獵家並沒有停下腳步欣賞那高貴的景象，只是一個勁地拚命往前追。

一隻隻獵犬都追得上氣不接下氣，垂著長長的舌頭喘著粗氣，眼睛充血發紅，唯有那隻新加入隊伍的獵犬——那個擅自加入的違規跑者——健步如飛地跑在前頭。

而銀狐依舊遠遠地跑在最前頭。無人不知的高貴毛皮已經變得髒兮兮的，沾到水和泥土而變重的尾巴也垂了下來。或許是因為一路這樣跑下來，腳趾之間受傷的關係吧，地上的腳印都沾染著血跡。

多米諾已經筋疲力盡了，如此激烈的體力消耗是牠過去從未經歷過，未來恐怕也不會再有的體驗。

多米諾應該可以撐到休邦河斷崖的那條小徑，但那裡是牠重要的據點，高貴的本能告訴牠：「不能去！」不過即使如此，身處在命懸一線的危機中，恐怕也沒其他選擇了。於是，牠開始直奔向斷崖，那

是最後一個可以打倒敵人的地方。

多米諾使盡最後的力氣沿著休邦河衝刺。

起初，牠暫時恢復了原本的速度，一路上遙遙領先，把成群疲憊的獵犬甩在後頭，不過只有一隻新加入隊伍的大型獵犬例外。

牠不斷縮短與多米諾之間的距離，同時發出絕不可能認錯的恐怖咆哮——那是海克拉響亮、深沉且具穿透性的顫音。

沒有人能夠推敲得出來，那令人厭惡的恐怖叫聲，究竟從一整天下來連續被兩組獵犬追擊的多米諾身上奪走了多少速度，又奪走多少距離。

但唯一能確定的是：多米諾改往河岸前進，不再奔跑了。牠站在夕陽照射下如燃燒般拍打著河岸的融雪水邊。

多米諾似乎已經完全失去希望，但牠還是繼續行走。黝黑的身體搖搖晃晃，看起來相當虛弱。

同時似乎也顯示著，雖然明知逃不過一死，卻還想為了活下去再奮戰一次。

身形高大的狩獵家騎著馬抵達了河岸——現在追逐者只剩一人——他看了看河川。狩獵家立刻明白，銀狐離死期不遠了。他望向被夕陽染紅的河畔，靜靜注視著黑色的銀狐、海克拉，以及海克拉後面那群獵犬的行動。

向燃燒的天空濺起紅色與金色水花的河啊，
水勢滔滔沖流無數浮冰的河啊，
在十個追擊者面前擋下死亡、拯救多米諾的河啊，
現在才是真正該伸出援手的時候不是嗎！
在三十個死神的追逐下，多米諾宛如風中之燭，
流經山楊樹林的河啊，
難道你要助死神一臂之力，轉身無視多米諾的痛苦嗎？
難道你要向敵人伸手，阻擋多米諾的去路嗎？

偉大的河川無動於衷地奔流不息，既強而有力，又不留餘地。噢，多麼殘酷啊！而多米諾所盼望的夜晚，似乎也停下了腳步。

乘勝追擊的成群獵犬發出凶猛的叫聲呼喚著勝利，在多米諾耳裡聽來，就像墜入地獄的人發出的慘叫哀號一樣。多米諾已疲憊乏力。多米諾引以為傲的旗幟，也就是那毛茸茸的尾巴，已經很久沒有舉起來了。牠的尾巴沾滿泥土，拖垂在地上，拖慢牠跑步的速度。

即使如此，多米諾還是再次沿著火紅燃燒的河流跑了起來。

獵犬隊伍看見銀狐近在眼前，紛紛振作起精神，勝券在握似地吠叫出聲，盼著美味的鮮血直流口水。對獵犬來說，拖著尾巴的狐狸不是追到以後會出手反擊的敵人，而是追到就能贏得勝利的光榮。

多米諾跑向被斷崖阻斷的下游。那裡的河道較窄，水位較高，多米諾只要再前進一步，就有可能掉進水裡。牠已四面楚歌，無處可逃。

獵犬隊伍離多米諾愈來愈近，海克拉一馬當先地跑在最前面。海克拉震耳欲聾的恐怖吠叫，把最討厭這聲音的多米諾逼到水邊。

顯然，多米諾已無路可逃。大批獵犬圍在岸邊爭先恐後地咆哮，而海克拉已經逼近多米諾的身後了。

多米諾的前方是寬敞的河面，河面上浮著互相碰撞出聲的浮冰。牠的四面八方被轟隆作響的水流與吠叫不止的獵犬包圍住了。如果心臟不夠強壯的話，恐怕早就崩潰倒地了吧。但多米諾即使走到這一步，仍然不放棄任何活下去的機會。

海克拉像是被波浪拍打似地，大幅度晃動著身體朝多米諾靠近，堵住牠所有去路。河水拍打著山楊樹生長的岸邊，彷彿高聲歌唱般滾滾流動。

白色的浮冰一塊一塊地密布在河面上，隨著水流撲向岸邊。白色的獵犬也一隻一隻地密布在陸地上，爭先恐後地擠向岸邊。那些成排接近岸邊的白，簡直就像獵犬咬上獵物時露出的兩排白色牙齒一樣。浮冰逐漸接近岸邊，成堆聚集在一起，不消兩三下工夫，全部黏成一塊。浮冰摩擦著河岸，不斷發出磨牙般令人不快的戛戛聲。

突然之間，多米諾像是想到什麼，重新轉身面向河流。

或許牠心裡浮現的念頭是：與其被獵犬咬死，不如死在從小就與牠交情深厚的好朋友——河流的懷抱裡。多米諾踩著虛弱的步伐跳到冰上，搖搖晃晃地一跳，再跳，最後跳到冰橋上。就在牠來到冰橋上，發現已無路可走時，冰橋隨著水流碎成浮冰四分五裂。在浮冰與浮冰之間，幽暗的河面裂縫愈來愈大。

多米諾所在的浮冰是離河岸最遠的一塊。坐在浮冰上的牠，彷彿穿梭於河谷間的騎士跨坐在白色馬鞍上，馬的名字叫黑色水流。群聚在岸邊的獵犬見狀，氣得瘋狂咆哮。

當多米諾身手矯健地跳到最遠處的浮冰時，海克拉從岸邊跳上了浮冰。然後牠看著多米諾隨著碎裂的浮冰流走，不禁氣惱得狂吠出聲，完全沒注意到自己站的那塊浮冰也漸漸漂離岸邊。河裡的漩渦毫不留情地將海克拉所在的浮冰捲進去，浮冰一圈一圈地流動著，轉眼間就被沖到河流的正中央了。

於是，直到前一刻還是被追逐者與追逐者的多米諾與海克拉，就這樣在猛烈的急流中成了命運相同的旅人。

牠們隨著河水的流動，在日落的耀眼金色光芒中前進。岸上的獵犬追著牠們的身影移動。年輕的狩獵家則騎著馬前進。

碰巧在現場的當地人舉起來福槍，打算一槍射下銀狐。年輕的狩獵家衝上前去，撥開來福槍，叫對方住手。狩獵家拿出狗哨，長長地吹了一聲，整群獵犬停止追逐。獵犬們似乎感到很訝異，不懂為什麼會被制止。

無論如何，隨著休邦河谷愈來愈窄，狗與馬都無法再前進了。再往前就是一座叫朗里奇的峽谷，從那裡開始，水流變得湍急並且一路連接到哈尼瀑布。

年輕高大的狩獵家與獵犬遙望著紫紅色的日落，和在夕陽下閃爍的紫紅色河川。閃閃發亮的浮冰漂在水面上，多米諾與海克拉逐漸消失在赤焰當中。

瀰漫在河面上的霧氣與急流濺起的水花，讓色彩變得更鮮豔了。金色的光芒將浮冰、河川與銀狐，全都染成了金色。在奔流的河川與火紅的天空包圍下，多米諾與海克拉的身影逐漸被吞噬。

擁有強壯心臟的野生銀狐不吭一聲地隨著浮冰漂流。終於，夜晚的風帶來了站在浮冰上的巨大獵犬的恐怖叫聲。狩獵家引吭回應道：

「再會了，我親愛的朋友，偉大的獵犬啊！」

然後扯開嗓子更大聲地喊道：

「再會了，銀狐。你將死於勝利之中，你的死跟勝利存活一樣偉大！我祈禱獵犬與銀狐都能存活下來。這是多麼壯烈的死亡啊！」

亞伯納・朱克斯的眼中，已經沒有牠們的身影了。站在岸邊的獵犬紛紛顫抖起來，滿臉哀憐地抽著鼻子。

太陽西沉，河面的霧氣失去光芒。然後牠們怎麼了呢？

只要想像一下，即可推測可能有以下情況發生：

在河流的盡頭，接近瀑布前有一個巨大的漩渦，在河岸附近流動的浮冰瞬間被捲到河中央，而原本在河中央的浮冰則被推送到岸邊。

多米諾沒有錯過浮冰靠近岸邊岩石那一瞬間的機會，將所有力氣集中在四隻腳上奮力跳躍。多米諾應該會越過黑暗、深邃的激流，穩穩踏上對岸的土地吧。從小狐狸時期開始就與牠是朋友的河川，如今依然是野生動物的好朋友。

被沖到河中央的浮冰搖搖晃晃地流向下游，最後傳來海克拉拖著長音的慘叫聲。就像前一刻霧氣蓋過海克拉的身影一樣，瀑布的轟鳴聲很快就蓋過海克拉的慘叫。

直到今日，河川依然保守著祕密，沒讓任何人知道海克拉的下場。

玫瑰月

三年的時光過去了，休邦河谷的玫瑰月——六月，是大自然豐富恩典最美麗的季節，而且應該沒有一個地方像歐樂比山谷一樣美的吧。山谷間的道路美得讓人覺得像通往比拉（天堂）的路一樣。

兩個相愛的人手牽著手走在靜謐優美的道路上。

一個是身形高大、看起來意志堅強的年輕人，另一個是光彩動人的女孩。

但休邦河谷只知道年輕人是海克拉的飼主，女孩是提著籃子在農

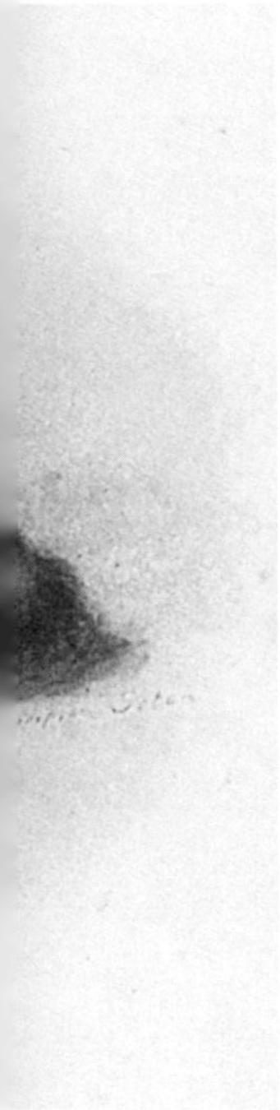

場散步、疼愛銀狐的女孩。兩人爬上山谷來到了山稜線，肩並肩坐下，望著西沉的太陽。在靜默中讓心自由徜徉，悠閒享受那一天最美好的時光。

兩人共度的時間為他們帶來無限溫柔、深刻的喜悅。只是，他們的愛裡存在著無法走到終點的陰影，也就是海克拉與銀狐的不幸。

此時，花團錦簇的土堤上出現了狐狸媽媽的身影，牠對著兩人看不見的巢穴呼喚小狐狸。

在風的吹拂下，狐狸媽媽從喉嚨到頸部如皮草圍巾般的巨大雪白斑紋，顯得柔軟而蓬鬆。然後牠驕傲地看著從巢穴裡飛奔出來的

一群小狐狸。

另一隻狐狸從草叢中向牠們靠近，想必是雪茸的伴侶帶獵物回來了吧。

一開始只有葉子晃動，接著牠放下嘴裡的新鮮獵物，伸了伸腳，從草叢中猛地現身——是銀狐。

年輕人睜大眼睛盯著這一幕。他用力握緊美麗女孩的手，表情認真地用眼神向她示意，然後低聲說道：

「是那隻美麗的銀狐！牠還活著！牠還活著吔！我到現在才知道。」

阻隔在兩人之間的陰影逐漸消失淡去。

不知不覺間，耀眼的夕陽照了進來，貫穿整座山谷。太陽的光芒耀眼地閃爍著，照亮山谷，賜與祝福，然後逐漸消失。

西沉的太陽照亮西方的天空，夕陽餘暉用溫和而不著痕跡的光芒填滿整座山谷。山谷露出明朗的表情，休邦河與山楊樹林一同歡唱著永恆不變的歌曲。

和飛鼠老師一起讀《銀狐多米諾》

【動物記QA小百科】

我們向飛鼠老師請教了關於這個故事的背景。
飛鼠老師是這本書的編譯者和知識解說者──今泉吉晴教授，
也是研究動物生態的專家喔！

Q 「鳥鳴月」是什麼時候？

「鳥鳴月」指的是鳥兒停在樹枝上用美麗聲音鳴叫的五月。西頓將原住民使用的月份名稱，用在美國青少年組織「叢林印地安人」的兒童月曆上。

附帶一提，「鳥鳴月」前一個月的四月是黑雁群遷徙的時期，因此稱作「黑雁月」。「黑雁月」也是大地

西頓在北極平原之旅中，將獨木舟拖上阿薩巴斯卡河畔，並在該處野營。他喜歡只架一塊擋風布的簡單野營方式。

被綠草覆蓋的月份，因此也稱「綠草月」。

在「鳥鳴月」期間，植物蓬勃生長，小鳥辛勤築巢，最後幼鳥從蛋裡孵化。

接著到來的是野玫瑰開出漂亮花朵的「玫瑰月」六月。

諸如此類，原住民的月份名稱是以季節變化作為比喻，凡是生活在近距離感受大自然環境中的人，都能對這些月份名稱感同身受。更棒的是，只要使用這種月曆，即使無法近距離感受大自然，或許也能從中意識到大自然的美妙。

西頓從小就喜歡往野外跑。長大一點之

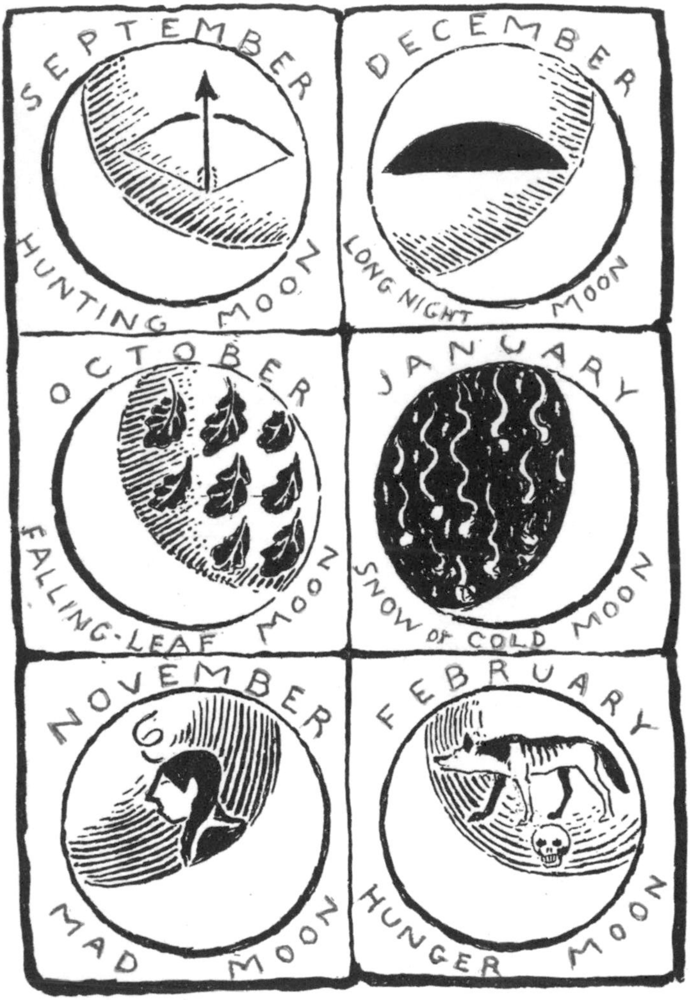

左上到左下分別為九月的「狩獵月」，十月的「落葉月」和十一月的「發狂月」或稱「狂愛月」。
右上到右下分別為十二月的「長夜月」，一月的「雪月」、「冷月」和二月的「飢餓月」。

西頓的「叢林印地安人」月曆

左上到左下分別為三月的「甦醒月」或稱「烏鴉月」，四月的「黑雁月」或稱「綠草月」，五月的「播種月」或稱「鳥鳴月」。
右上到右下分別為六月的「玫瑰月」，七月的「雷月」和八月的「玉米月」或稱「紅月」。

後，他開始以徒步旅行的方式四處野營，觀察野生動物。他喜歡眺望夕陽，觀賞傍晚的餘暉。

西頓認為在大自然中盡情嬉戲，是人如何成為人，最好的學習方式，因此他開始推廣青少年組織「叢林印地安人」的活動。對西頓而言，最接近大地、生活簡樸的原住民，是他生活的指標。

Q 麝鼠是什麼樣的動物？

麝鼠是住在北美洲的水生老鼠。身長二十七公分，體重約一公斤，還有一條約二十六公分的長尾巴。麝鼠會從水池或河川摘取植物，築成一般稱為「Cabin」（小屋）的圓形巢穴。

西頓寫道：「麝鼠在地面上的動作很遲鈍，但在水裡卻會像水獺一樣游泳、潛水。」此外，他還提到：「我曾站在（水池的）冰上，看見麝鼠從冰下游過去。我在冰上跑了起來，想追那隻游泳的麝鼠，然後

麝鼠

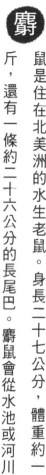

從圓形巢穴游進水裡的麝鼠。被水環繞的巢穴不易受到陸地上的敵人入侵，十分安全。

發現麝鼠最快的游泳速度，時速可達四點八公里。平常的速度不會超過時速一點六公里。」

麝鼠主要以水池中生長的植物為食。值得注意的是，正如這篇故事中所介紹的，牠們會吃雙殼貝。除此之外，西頓還提到，牠們會吃魚、山椒魚等動物類的食物。生活在我們周遭的褐鼠原先也是野生的水生動物，同樣也會吃貝類或肉類。

水生動物的毛皮很緻密，長毛底下生長著密密麻麻的軟毛，這也是海瀨、河狸等動物毛皮很珍貴的原因。麝鼠也不例外，西頓寫道：

「麝鼠的毛皮上長著緻密的毛，既溫暖又具有優異的防水性。」

此外也有紀錄顯示，「根據加拿大的官方報告，麝鼠的毛皮生產量比其他所有毛皮獸的總生產量還高，金額也是第一名。」

「麝鼠的捕獲量為三百四十四萬隻（金額為美金二百九十八萬元），第二名的河狸為十七萬隻（美金二百五十五萬元），換言之，麝鼠可說是北美洲最重要的毛皮獸（一九二三到二四年的狩獵期）。」

不僅是金額，殺害動物的數量也十分驚人。在那之後，歐洲與日本等國家便將用來生產毛皮的養殖動物野放了。

Q 洋基男孩究竟是什麼樣的男孩？

所謂的洋基，原本指的是美利堅合眾國當中，新英格蘭地區的白人。這篇故事當中採用的就是這個意思。換句話說，所謂的洋基男孩，指的就是新英格蘭地區的男孩。

新英格蘭地區總共包含美利堅合眾國當中的六州，分別是東北部的麻薩諸塞州、康乃狄克州、羅德島州、新罕布夏州、佛蒙特州和緬因州，此地區是美利堅合眾國中較早開發的地區之一，同時被視為一板一眼的清教徒之州。

美國獨立戰爭（一七七五年）的第一場戰事，始於麻薩諸塞州的

新英格蘭地區的六州

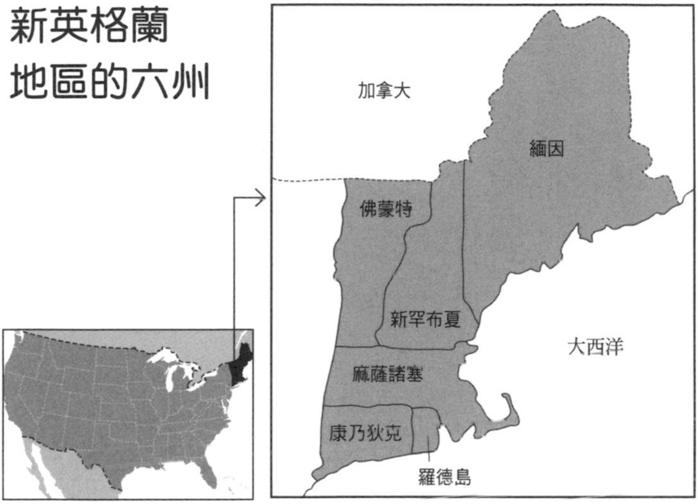

康科德。那裡最為人所知的就是擊退英軍的英勇民兵（義勇軍）。據說因為洋基人平常都靠打獵訓練用槍技巧，所以才戰勝了英軍。

愛默生（Ralph Waldo Emerson）和亨利．梭羅（Henry David Thoreau）等美國文學旗手也誕生於此。

西頓在這篇故事中，描繪出男孩在這塊新英格蘭土地上，如何在與狐狸（自然）接觸的環境中成長。

梭羅在《湖濱散記》（一八五四年）一書中這樣寫道：

「我們洋基人的國定假日比英國少，大人和小孩的遊戲花樣也比英國人少，但如果因此就認為洋基人的娛樂比較少，那就錯了，在新英格蘭地區，狩獵和釣魚等較親近自然的個人娛樂機會很多，團體遊戲不見得是主要娛樂。和我同一輩的新英格蘭男孩，在十至十四歲時，幾乎每個人都有在肩上扛著獵槍走進森林裡的經驗。而且我們新英格蘭人

西頓的《野生動物劇》中登場的運動家（狩獵家）。動物高唱著「我們才不會輸給人類」，挺身與運動家奮戰。

的漁獵區域，不像英國貴族的獵場那樣由極少數人占領，而是遍及整個大自然的土地。」

梭羅在此處表示，新英格蘭大地與英國不同，這裡是一處對所有人敞開的自由天地。換言之，不僅是新英格蘭地區，在早期美國，凡是提到運動，大多都是指狩獵、釣魚等野外運動（即梭羅所謂的「個人娛樂」），而非球類或格鬥類等競技運動（即梭羅所謂的「團體遊戲」）。

說到運動家，人們通常會聯想到打棒球或網球的人，但新英格蘭人多用來指獵人或釣魚師傅，原因即出自於此。

從這層意義上來說，洋基男孩就是所謂的運動家，也就是熱愛釣魚和狩獵的人。

Q 「尾腺」是什麼東西？

尾腺就是接近尾巴根部，一種會分泌氣味的腺。西頓調查過美國自然史博物館的標本，確定狐狸、郊狼和灰狼等動物都有尾腺。通常愈是獨來獨往的物種尾腺愈大，群居的物種則尾腺愈小。西頓這篇故事當中提到，多米諾在發現火雞時豎起了尾腺的毛，具有傳達喜悅的作用。據信當毛豎起來的時候，尾腺會分泌物質沾染在毛上，同時散發到空氣中。

灰狼的尾腺

狐狸的尾腺位在尾巴根部附近，該部分的毛較硬，顏色較深。從二〇七頁的圖即可知其位置。毛具有讓尾腺分泌的氣味物質發散出來的作用。

Q 故事中提到「獵狐」，是從前就有的活動嗎？

在這篇故事當中，有兩種類型的人參與了「獵狐」行動。兩種都是由一大群人（獵人）在決定好的時間集合，共同參與狩獵，因此稱為「獵狐」。剛好那兩組人馬選在同一天進行。

那麼「獵狐」這種娛樂又是從什麼時候開始的呢？

第一種類型的人是騎著馬，讓獵犬去追狐狸，享受追逐的刺激感，通常身上不會帶槍（也有帶槍的情況）。西頓說這一種是根植於歐洲傳統的「獵狐」。

這種「獵狐」始於十六世紀的英國，是英國貴族的運動，並在十

從英國開始流傳的「獵狐」。獵場是貴族的所有地，一般人沒有機會參加。繪：凱迪克。

七世紀中葉時，連同獵狐用的馬匹和獵犬一起傳入美國，甚至連狐狸也一起被帶過去野放，因為英國的狐狸比棲息在美國的狐狸還大。

連美利堅合眾國的第一任總統喬治·華盛頓，也為了「獵狐」而飼養了一群獵狐犬。換句話說，狩獵被上流階級視為一項運動，享受這項運動的人則被稱呼為運動家（狩獵家）。

另一種類型是讓獵犬去追捕狐狸，獵人則各自埋伏在樹叢裡，等到獵犬把狐狸逼出來以後，再用槍射擊狐狸。這是伏擊狩獵的一種，獵物則屬於射中的那個人。這種為了取得毛皮的狩獵方式，兼具了趣味與實用性。

當時（本篇故事刊行的時間是一九〇九年）加拿大與美利堅合眾國都是毛皮出口國，狩獵是重要的出口產業，因此從事毛皮交易的業者隨處可見，人們可以拿毛皮去兌換現金。

Q 為什麼大家都想要多米諾的毛皮呢？

這篇故事中曾提到過，有種稱為「銀型（Silver）」等級的狐狸毛皮非常昂貴，因此許多人都想設法抓到多米諾。

至於究竟有多昂貴呢？

西頓這樣寫道：

「世界上最昂貴的毛皮，是美麗且數量非常稀少的海瀨毛皮。若以最高級的海瀨毛皮來說，一枚的價值可達美金一千元以上。接著第二昂貴的就是銀型的狐狸毛皮了，這種毛色不超出普通狐狸的色調，全身是深黑色的，頭與屁股混著白毛，看起來帶著銀色，通常銀色愈少，價值愈高。」

海瀨在當年已經被抓光了，事實上幾乎無法取得，因此「銀型」等級的狐狸毛皮在當時就是「世界上最昂貴的毛皮」。

日本的狐狸當中並沒有「銀型」這種毛色的狐狸，也沒有繼「銀型」之後第二珍重、背上有紋路的「十字型」狐狸，只有所謂「赤型」的色調而已。

西頓在自宅建造臭鼬等毛皮獸的養殖設施，研究繁殖的方法，他認為這樣可以阻止毛皮獸的濫獵問題。圖為西頓的女兒與臭鼬。

不過美麗的狐狸並不只有「銀型」。

西頓這樣寫道：「（一般「赤型」的）狐狸如果從遠處看的話，給人的印象就是穿著靴子，戴著黑色耳朵，有一條末端白白的、很顯眼的大尾巴，體型很大的赤金色動物。靠近仔細一看就會發現，牠們身體的赤金色就像各種美麗楓葉的顏色交織在一起。其中再加上金色或銀色，還有毛的末端閃耀的象牙色，成為美麗的點綴，是最棒的色彩之美，完全無法用言語形容。」

所以說，無論是銀型或赤型，都是美麗的狐狸。

西頓在說明銀型時雖然表示牠們具有「狐狸之中格外美麗的色相」，但那只是為了強調銀型的特徵，並不是與赤型比較後的結論。

換言之，即使銀型的價格比較高，那也只是定價者的價值觀而已。

Q 什麼是「薊花蜜」？

這是來自蘇格蘭的諺語。多米諾朝著原本趴在地上的小鹿方向追了幾步以後，鹿媽媽突然趕了過來。只見牠的背毛筆直豎起，眼睛氣得泛出綠光。每天身處在凶險之中的多米諾看到那模樣就知道，今天的敵人是這傢伙。

鹿媽媽就是薊花，身上長滿螫人的刺，相當危險。鹿媽媽用前腳猛踢，用前腳的尖蹄發動攻擊，想殺死多米諾。多米諾雖然迅速跳到一旁躲了開來，但鹿媽媽一而再、再而三地猛踢，多米諾根本沒有逃跑的空間，簡直就像薊花的刺一樣。

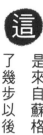

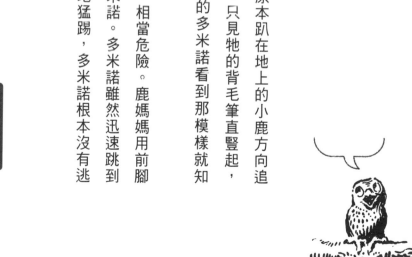

多米諾第二次遇見像薊花一樣的鹿時，正被捕獸器困住，身陷命在旦夕的危機中，卻意外地從薊花那裡得到甜美的花蜜。多米諾因為被陷阱困住，無法完全躲開鹿的前腳攻擊，卻剛好被鹿的尖蹄踢中鐵夾彈簧，讓捕獸器順利脫落。這就是所謂的薊花蜜。

我們與大自然之間，透過透過各式各樣的關係（環）緊密相連。當中雖然充滿危險，但是也有好的部分。倘若我們從大自然當中學習到智慧，明白自然的法則，即使是薊花刺也可能成為一種恩賜。如此一來，即使是痛苦的經驗，也能從中獲得智慧，生活中遇到的任何事物都可說是「薊花蜜」。

西頓雖然想要親自了解大自然，但也渴望從別人的經驗當中學習。這張圖想表達的是，從碎成大量岩屑的岩盤中（從許多人口中聽來的言論中），發掘出精細的寶石（真相、具有價值的事實）。

Q 被海克拉追殺的多米諾，實際上真的能跑這麼遠的路程嗎？

這篇故事最後的高潮，應該就屬那段多米諾在海克拉的追逐下，表現出多麼難得的耐力與勇氣的記述了吧。

關於狐狸的智慧與耐力，西頓如此說道：

「狐狸既沒有武器也沒有力量，卻在面對強大的敵人時，經常處於勢均力敵的狀態。」

對於住在人類社會附近、數量愈來愈多，分布範圍也逐漸擴大的狐狸而言，智慧與耐力才是牠們的武器。關於狐狸被獵犬追逐時所展現出來的智慧與耐力（還有勇氣），目前留有很多紀錄，其中最傑出

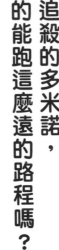

狐狸波弟。十二人騎馬率領二十七隻獵犬追擊波弟。經過一天半後，在早上八點左右（獵人留在旅館裡）發現三隻獵犬在草叢中追逐波弟。其中兩隻獵犬落後，最後剩下的獵犬波士頓追著波弟在草叢中繞了一小時左右。圖為最後從草叢中現身的波弟，後面則是波士頓。波弟很快就倒地不起，接著波士頓也倒地不起，雙方都命喪黃泉。

的就屬一隻名叫波弟（白色大斑紋）的狐狸，多次展現出了智慧與甩掉獵犬過程中那不知疲憊的奔跑能力。

不過波弟在一八八七年十二月時，因為連續一天半被多隻獵犬與騎著馬的人類追擊，最後還是筋疲力竭不支倒地。據說牠總計跑了二百四十公里，其中一口氣跑的最長距離是八十公里。

Q 多米諾跳上鐵路後，為什麼又要回到轉轍器那裡呢？

多

米諾從轉轍器那裡沿著鐵路跑了一哩後，又掉頭沿著軌道跑了回來。獵犬會追蹤足跡的氣味。軌道上的氣味很容易消失，如此一來獵犬就會跟丟。

轉轍器是在鐵路分支成兩條線的地方，切換火車軌道的裝置。當時為手動設計。

而且多米諾回到轉轍器附近後，又跑上別條軌道。一旦火車經過，留在軌道上的氣味就會完全消失。在轉轍器處換到別條軌道或是長距離的奔跑，都是十分高段的甩掉敵人的方法。

Q 在最後一幅多米諾家族的畫中，前面那個小小的東西是什麼？

親子齊聚一堂的狐狸家族畫（二三五頁），被描繪成在照相館攝影的全家福。在牠們前方那個小小的東西，是放在三腳架上的照相機。換句話說，那幅畫描繪的是，一家大小聚集在照相館的攝影棚裡，面對照相機擺姿勢的狐狸。

當時的照相機體積應該很大，而且明明在最前面，西頓卻畫成小小的一個，我想應該跟實體不同。

但大家都一臉平靜地看著前方，如此獨特的狐狸畫像，忠實呈現了家族的形象，實在是有趣極了。

順帶一提，西頓還畫了另一幅畫想像著牠們在照相館照相時使用設備的情況。

畫中的兩隻狐狸被架子支撐著頭，右側的狐狸尾巴則被固定著。當時的攝影材料感光度低，需要較長的曝光時間，因此如果過程中姿勢沒有固定好，相片就會失焦糊掉，也因此才要固定住容易移動的頭部。

這張使用照相館道具的狐狸也曾在二三四頁出現過。除了寫實畫之外，西頓也很常在作品中展現幽默感。

為什麼家族很重要呢？

答案在這篇故事中已經描述得很清楚了。這篇故事讚賞了公狐狸

《小熊喬尼》的主角喬尼。看著這幅畫不禁可以感受到，被母熊拋棄的小熊的正渴求著什麼。

《野豬英雄泡泡》的主角泡泡。從這幅畫中可以看出，泡泡對於共同生活的伙伴展現出的體貼個性。

與母狐狸之間非比尋常的合作默契（互相保護），以及多米諾和雪茸共同完成的事蹟。

西頓總能從細微的觀察中描繪出動物的個性，這一點也可見於其他故事中登場的動物。

圖版出處

※ 西頓的著作，以及刊載西頓繪畫作品的書籍或雜誌

《銀狐傳》（*Biography of A Silver Fox*）
《動物的狩獵生活》（*Lives of Game Animals Vol.1*）
《奇妙的森林故事》（*Woodmyth and Fable*）
《野生動物的生存之道》（*Wild Animal Way*）
《獵物的生活》（*Lives of the Hunted*）

※ 其他著作

《藍道夫．凱迪克的詩畫集》
（*The Complete collection of Pictures & Songs by Randolph Caldecott*）
狐狸的原畫（P204）今泉吉晴

為編纂本書而拍攝的原畫和照片資料，承蒙菲爾蒙特博物館「西頓紀念圖書館」（Philmont Museum-Seton Memorial Library）惠予協助，特此致謝。

熱愛旅行的自然主義者——西頓

西頓在講故事時，經常會融入動物的叫聲，或是從口袋裡跳出松鼠，內容既充實又有趣，非常受到歡迎，因此有一位名叫詹姆斯·龐德的人，他的工作是舉辦演講，便與西頓簽約。那份工作契約的內容是，一年用十週以上的時間，到各地去舉辦巡迴演講。西頓希望自己一年至少有六個月以上的時間，可以離開都市的工作，到大自然中旅行，因此這份演講工作對他來說簡直求之不得。

多虧這份工作，西頓得以踏遍北美洲的各個角落，在大自然中旅行，觀察動物的生活。當然，他也在自己造訪的城鎮充滿熱忱地分享故事，有時還會與在當地結識的孩子們一起散步。西頓究竟說了什麼樣的故事呢？以下為各位介紹用七十八轉黑膠唱片錄音的〈我第一次遇見的猞猁〉吧。

我第一次遇見的猞猁

我已經在森林裡遇過很多隻猞猁了，但其中最令我印象深刻的，還是接下來要提到的，我第一次遇見的猞猁。

當時我住在多倫多的城鎮裡，還是個十五歲的少年。我因為生病的關係，好長一段時間身體狀況不佳，所以想趁著春天即將到來前，到郊外的唐河谷散步，以恢復體力。

有一天，我套上雪鞋，帶著我的狗遠征泥河，它的名字雖然不美，卻是一條非常美麗的河。

猞猁

那天的雪又厚又軟，雪鞋著實派上了用場。幸虧有套上雪鞋，我才能夠充分對付我身旁那隻陷入雪地裡，不斷掙扎喘氣的狗。

雪地上印著很多動物的腳印。過了一會兒之後，我發現一個驚人的巨大腳印，不禁愣在原地。

指印後的肉球部分比我的掌心還大。我在強烈的好奇心驅使下，開始追蹤那個腳印。那腳印看來似乎是沿著傾倒的樹跑，只是沒想到一口氣跳了十五呎（四點五公尺）這麼遠。

最後我逐漸意識到，這麼大的腳印，肯定不是狗也不是浣熊。

雪地上的猞猁腳印。
若不算尾巴的話，猞猁的身長是八十公分，
體重大約是十公斤，是一種大型的野生貓。

不管怎麼想我都覺得，自己在追蹤的是猞猁的腳印，而且我的狗顯然也是這麼想的。

牠頻頻發出哀號，有時嗚咽呻吟，在原地裹足不前，明明在發現巨大腳印前，牠是那麼積極地向前衝。

但我被愈來愈清晰的腳印吸引住，迫不及待地往前走。突然間，我聽見一聲響亮的叫聲。

啊——喔、吆——喔、吆——喔、吆——喔。

聽起來就像大型貓科動物的叫聲。

我覺得那聲音來自二百碼（一百八十二公尺）前方的森林裡，而且好像還是從樹上傳來的。

我用力拉著逡巡不前的狗，繃緊神經，小心翼翼地向前走。

要說我身上唯一可靠的武器，就只有一個小冰斧而已。過了一會兒，我聽見從樹上下來的動物，用銳利的爪子抓東西的聲音。原本有點哀傷的叫聲，逐漸變得強而有力。

嗚啦——喔、嗚啦——喔、嗚啦——喔、嗚啦——喔。

我轉頭看那隻體型壯碩卻像隻縮頭烏龜的水獵犬，現在不管我做什麼，牠都不肯再前進了，只是一直看著想要接近猞猁的我，發出可憐的聲音，像是在懇求我不要過去一樣。猞猁不斷地叫著。

嗚啦啦啦——喔、嗚啦啦啦——喔、嗚啦啦啦——喔。

我一動也不動地站在原地，眼睛四處尋找有沒有木材可以給我當作防身武器。

嗚啦啦啦——喔、嗚啦啦啦——喔、嗚啦啦啦——喔。

猞猁離我愈來愈近。

我的狗已經嚇得陷入恐慌中，嗚噎著吐出牠剛才吃的東西，然後一溜煙地跑走了。

嗚啦啦啦——喔、嗚啦啦啦——喔、嗚啦啦啦——喔。

嗚啦啦啦——喔、嗚啦啦啦——喔、嗚啦啦啦——喔。

猞猁離我應該已經不到一百五十呎（四十五公尺）了。雖然看不見牠的身影，但面對不斷發出淒烈吼聲的猞猁，我不禁感到毛骨悚然，一起帶來的狗也嚇得逃跑了，再加上我身體虛弱又沒有武器，形勢實在太不利了。

你問最關鍵的主角——我究竟做了什麼？

事實上，我也轉身緊跟狗的後面逃跑了。

隔天，我帶著槍前往森林，但什麼也沒發現。

過了一個星期後，我才親眼看到那隻猞猁。牠被獵人擊中，送到多倫多鎮上的標本店裡了。

猞猁閃爍的黃色眼睛、巨大的腳、下巴和牙齒，讓和朋友一起目睹這標本的我嚇得寒毛直豎。

那一趟如作夢般的冒險，原來並不是夢。

Seton

西頓在加拿大安大略省的芬內隆佛斯再次遇見猞猁

後記

很多人都知道狐狸是一種頭腦聰明的動物。這篇故事也介紹了許多狐狸的智慧，例如雪茸跳奇怪的舞蹈吸引黑雁群的注意，並慢慢將牠們逼向多米諾埋伏的方向等狩獵方式（本篇故事的原書是 *The Biography of A Silver-Fox*，一九〇九年）。

當然，關於這類動物智慧的記述，我想，很多讀者難免會質疑其真實性。

為了回答這個問題，西頓搜集了大量資料，並將其彙總成《狩獵動物的生活》（*Lives of Game Animals Vol.1*）這本厚重的書籍，作為故事內容的佐證。

有趣的是，儘管灰狼或熊等動物有可能展現出比狐狸更高段的智慧，但相較於記錄這些動物智慧的資料，記錄狐狸智慧的資料明顯較多而且內容詳細。由此可知，很多人都曾近距離觀察過狐狸生態並加以記錄。

為什麼記錄狐狸智慧的資料如此豐富？西頓當然知道理由。他認為，灰狼或熊出現在文明人的生活周遭，令人感到不安是，於是這些強大的獵食者遭到驅逐，而人類也失去了接觸牠們生活的機會。

而狐狸呢，對小動物來說是可怕的敵人，對人類來說卻沒什麼危險性，因此人類才能了解、記錄牠們的生活，並且從中學習到許多知識。

透過這篇故事，西頓向我們傳達了他自身的觀察與從那些紀錄當中學習到的事情。他清楚地揭示了狐狸卓越超群的智慧，而那些智慧都是牠們從生活當中學習並培養出來的。

雪茸那奇怪的舞蹈也是牠從生活當中學到的智慧。狐狸就是一種按照自己方式生活、增長智慧、獲取生活所必需的食物、尋找超級樂趣的動物。牠們似乎在對我們人類說：「不妨像我們一樣單純明快地生活如何？」

今泉吉晴，二〇一〇年二月

作者・插圖

厄尼斯特・湯普森・西頓

1860 年 8 月 14 日生於英國的港灣小鎮南西爾斯。1866 年舉家搬遷到加拿大的拓荒農場。西頓從小生活在大自然中，他熱愛野生動物，夢想長大成為一名博物學家。他在倫敦和巴黎接受專業美術教育，返回加拿大後陸續發表動物的故事，著作有《我所知道的野生動物》（*Wild Animals I Have Known*）《動物的狩獵生活》（*Lives of Game Animals*）和《兩個小野人》（*Two Little Savages*）等，並在書中親自繪製大量的插圖。
西頓於 1946 年 10 月 23 日逝世於美國新墨西哥州聖塔菲自宅。

編譯・解說

今泉吉晴

動物學家，1940 年出生於東京。在山梨與岩手的山林中建造小屋，終日眺望溪流、照顧植物，觀察並研究森林裡的地鼠、野鼠、松鼠、飛鼠等小型哺乳類動物。著有《空中出現地鼠》（岩波書局）、《西頓：孩子喜愛的博物學家》（福音館書店）、《飛鼠一家》（新日本出版社）等。譯作有《湖濱散記》（小學館）、《西頓動物誌》（紀伊國屋書店），以及《亨利的工作》（福音館書店）等。

銀狐多米諾

原著作者——厄尼斯特・湯普森・西頓（Ernest Thompson Seton）
編譯・解說——今泉吉晴
譯者——劉格安

社長——陳蕙慧
副總編輯/責任編輯——戴偉傑
行銷企畫——李逸文 吳孟儒
封面設計——POULENC
內文排版——OLIVE

共和國集團社長——郭重興
發行人兼出版總監——曾大福

出版——木馬文化事業股份有限公司
發行——遠足文化事業股份有限公司
地址——231新北市新店區民權路108-4號8樓
電話——02-2218-1417
傳真——02-8667-1891
Email——service@bookrep.com.tw
郵撥帳號——19588272木馬文化事業股份有限公司
客服專線——0800-2210-29
法律顧問——華洋國際專利商標事務所 蘇文生律師
印刷——前進彩藝有限公司
出版日期——2018（民107）年7月初版一刷
2021（民110）年7月二版三刷
定價——300元
ISBN——978-986-359-537-3

國家圖書館出版品預行編目(CIP)資料

銀狐多米諾 / 厄尼斯特.湯普森.西頓(Ernest Thompson Seton)著；今泉吉晴編譯解說；劉格安譯.
-- 初版. -- 新北市：木馬文化出版：遠足文化發行, 2018.07　面；　公分. -- (西頓動物記；5)
譯自：銀ギツネのドミノ
ISBN 978-986-359-537-3 (平裝)
1.動物 2.兒童讀物
380.8　　107007201